JN087565

情報化社会におけるメディア教育

（改訂版）情報化社会におけるメディア教育（'24）

装丁デザイン：牧野剛士
本文デザイン：畑中　猛

o-41

まえがき

『情報化社会におけるメディア教育'24』は2020年3月に出版した同じ書名の教材の改定版であり，執筆者および章立てには変わりない。

しかしその第1版の出版された2020年に，空前のコロナ禍が世界中を覆うという事態が起こった。この中で，全国の小中・高校，大学において，緊急事態への対策として情報通信技術（ICT）を用いた遠隔授業が用いられた。これによって日本の教育における情報通信技術の利用はその規模において，まさに画期的な変化がもたらされたのである。

さらに2022年頃からは人工知能（AI）の実用化が急進展し，生成ICTによる人工的な文章作成がこれまでにない完成度をもって広く用いられるようになり，学校教育にも影響を与えることになった。まさに2020年代前半は，情報通信技術の教育への浸透という意味では画期的な変化の時期であったといえよう。本書の改訂においても，できるだけこうした変化を取り入れることに努めた。

しかし，こうしたいわば突然の変化も，20世紀後半からの情報通信技術（ICT）の発展と，それを基盤とする情報化社会の進展，人間の活動様式の変化の長期的な趨勢から外れるものではなく，むしろそうした変化を加速するものであったとみることができる。そしてその中で，これまでの教室，黒板，教科書を中心とする学校教育のあり方が大きく変化しているという構図に変わりはない。しかもビッグデータ，モノのインターネット（IoT），AIと生成ICT，音声認識と画像識別，機械翻訳などの新技術は，単に学校教育にとっての新しい便利な道具というだけでなく，教育と学習のメカニズムそのものへの再考を迫るものとなっているのである。

また情報化社会の発展に対して，学校教育が重要な役割を果たすことが期待されていることも重要である。情報通信技術（ICT）の創造，発展の中核となる人材を養成するのは教育であることはいうまでもない。さらに一般の職業や生活のなかで情報通信技術を使いこなす能力としてのメディア・リテラシーの育成も教育の重要な課題である。

さらに留意しておかねばならないのは，情報通信技術（ICT）の持つ可能性が，過度の楽観性とさまざまな混乱を生じさせている点である。教育に情報通信技術をどのように活かしていくかを，落ち着いて体系的に考えていくことが求められている。

広い視野からみれば，現代の教育の基本的な課題は，さまざまな形の情報の氾濫の中で，個人が自律的・主体的に生きていく基盤を形成するところにある。そうした意味で，情報化社会におけるメディア教育の役割を考えることは，教育そのものへの問い直しにも通ずる。このような形で，情報化社会とメディア教育との関係は，小学校や中学校だけでなく，高等学校，そして大学，さらには成人に向けての教育のいずれについても，重要な問題を提起していることになる。情報通信技術それ自体は技術だが，それが教育の場に置かれたときにはそのツールとしての側面だけでなく，教育内容や授業のあり方，そして学校・大学と社会との関係が問われるのである。本書はそうした観点から，情報化社会におけるメディア教育のあり方と可能性，そしてその問題点と課題を多角的な視点から考えようとするものである。

本書の内容構成は以下のとおりである。

まず第1章では，情報化社会の現状や学校で求められるメディアの活用やメディア自体を題材とする教育，教育の情報化の普及・促進について概説した。

そして第2章ではさらに広い視野から，情報化社会と教育，そしてそこで求められる人間のあり方について考える。

続く第3章から第6章までは，小・中・高等学校，特別支援学校における学習指導要領にみる情報化社会への対応と情報化社会に対応する取り組み，その授業の実際とカリキュラムの在り方について紹介した。

さらに第7章と第8章では，大学教育における情報通信技術の活用の実際を踏まえ，情報通信技術の従来の大学授業を補完する機能，代替する機能，開放する機能について事例を解説したうえで，学習の相互作用の中での主体性の重要性をあらためて吟味し，また情報通信技術を大学教育に活用する場合の問題点と課題を検討した。

第9章ではメディアを活用した授業づくり，第10章ではメディア教育で育むメディア・リテラシー，第11章ではメディア教育の歴史的展開，第12章ではメディア教育の内容と方法，第13章では知識・技能を活用する学力とメディア教育，第14章ではメディア教育を支援する教材とガイド，第15章では，ソーシャルメディア時代のメディア教育の在り方，その学習目標と学習活動について考えていく必要性を解説した。

これらの15章を通して，情報化社会とメディア教育との関係を，初等教育，中等教育，高等教育，さらに成人教育にわたって，多角的に考える基礎が形成されれば幸いである。

本書の執筆に当たって，第1，3，4，5，6，9章を担当した同僚の中川一史教授，第10章から15章を担当した武蔵野大学の中橋雄教授のご尽力にお礼を申し上げる。なお編集部の大河内さほ氏からは，丁寧な編集・校正によって益するところも多かった。心より感謝を申し上げる。

2023年　深秋

苑　復傑

目次

1　概説：メディアと教育

中川　一史

《目標＆ポイント》 情報化社会におけるメディア教育のあり方や，情報化社会の現状や学校で求められるメディアの活用やメディア自体を題材とする教育，教育の情報化の普及・促進について概観する。
《キーワード》 情報化社会，メディア，教育，概観，教育の情報化

1．本科目の概要

15 回の授業の概要は以下の通りである。

第 1 回「概説：メディアと教育」

情報化社会におけるメディア教育のあり方や，情報化社会の現状や学校で求められるメディアの活用やメディア自体を題材とする教育，教育の情報化の普及・促進について概観する。

第 2 回「情報・通信技術と教育」

情報通信技術（ICT）の急速な発展は産業構造，そして社会全体のあり方を大きく変えようとしている。それは学校や大学での教育のあり方に大きな影響を与えるだけではなく，教育を個別学校・大学の枠を越えて，社会全体に開放する可能性を持っている。この章では，まず，①情報化社会とは何かを考え，②その情報化社会と，教育との関係を広い視野から整理するとともに，③情報と個人との間の背後にある基本的な問題と，それが教育に持つ意味をあらためて考える。

第 3 回「小学校における情報通信技術の活用」

情報化社会への対応とは，必ずしも，インターネットでメールを送ったり，有害情報の対処をしたりすることだけではない。ここでは，学習指導要領に見る情報化社会への対応と小学校の授業の実際および情報化社会に対応する小学校の取り組みについて紹介する。

第 4 回「中学校における情報通信技術の活用」

学習指導要領に見る情報化社会への対応と情報化社会に対応する中学校の取り組み，および中学校での情報化社会に関する授業の実際やカリキュラムのあり方について紹介する。

第 5 回「高等学校における情報通信技術の活用」

学習指導要領に見る情報化社会への対応と情報化社会に対応する高等学校の取り組み，および高等学校での情報化社会に関する授業の実際やカリキュラムのあり方について紹介する。

第 6 回「特別支援学校における情報通信技術の活用」

学習指導要領に見る情報化社会への対応と情報化社会に対応する特別支援学校の取り組み，および特別支援教育での情報化社会に関する授業の実際やカリキュラムのあり方について紹介する。

第 7 回「大学教育の変貌と ICT 活用」

ICT は，大学教育の形態と機能を補完，代替し，さらにその開放を拡大する可能性を持つ。この章では，①現代の大学教育の課題とそこでの ICT 利用の可能性，②大学教育の変貌と ICT 活用のこれまでの実態，③特にコロナ禍の中で，対面の授業に代えて，オンラインで授業を行った経験をふり返り，それを踏まえて，④ ICT の導入が今後の大学教育のあり方に持つ意味を論じる。

第 8 回「開放型の高等教育」

この授業では ICT を軸として，伝統的な大学を超えて，ICT による学習を広げる動きについて述べる。まず，①広い意味での ICT である放送あるいはインターネットを用いた大学について述べる。②新しい形態として注目を浴びつつある公開授業（OCW），大規模公開オンライン授業（MOOC）を紹介するとともに，③こうした ICT を用いた開放型の高等教育の可能性と課題について考える。

第 9 回「メディアを活用した授業づくり」

メディアは ICT や情報通信技術に限らない。ここでは，さまざまなメディアを活用した授業づくりについて，事例を示すとともに，その工夫や留意点などについて検討する。

第 10 回「メディア教育で育むメディア・リテラシー」

メディア教育によって育まれるメディア・リテラシーという能力の概要について解説する。まず，メディア・リテラシーという言葉の定義について先行研究を取り上げて整理する。また，ICT によるコミュニケーションの変化に対応したメディア・リテラシーの研究が行われる重要性について検討する。

第 11 回「メディア教育の歴史的展開」

時代や社会に応じたメディア・リテラシーのあり方を問い直していく必要があることについて考える。例として，イギリス，カナダ，日本の歴史的な系譜について扱う。また，日本でメディア・リテラシーが注目された理由の１つといえる情報教育の展開を確認することから，「情報活用能力」の育成を目指す情報教育と「メディア・リテラシー」の育成を目指すメディア教育の接点を探る。

第 12 回「メディア教育の内容と方法」

メディア教育が何をどのように学ぶものとして捉えられてきたか，ということについて整理する。メディア教育として学習者が理解すべき内容である「メディアの特性」とはどのようなものか，これまでどのように整理され，どのように学ばれてきたのか，先行研究を取り上げて紹介する。その上で，メディアを活用して子どもたちが表現する授業デザインを探究してきたD-projectの取り組みを事例として取り上げる。

第13回「知識・技能を活用する学力とメディア教育」

日本の学校教育においてメディア教育がどのように位置付いているのか解説する。特に学習指導要領における指針，全国学力・学習状況調査の内容に見られる位置付け，実践開発研究の取り組みについて紹介する。

第14回「メディア教育を支援する教材とガイド」

わが国の学校教育におけるメディア教育が，学校外の機関によってどのように支援されてきたかを学ぶ。メディア教育用の教材は，総務省，公共放送，研究者など，さまざまな立場のもとで開発されてきた。これらが，どのような内容を取り扱ってきたのか確認する。また，こうした支援を継続的に行う上での課題について検討する。

第15回「ソーシャルメディア時代のメディア教育」

ソーシャルメディアが普及した時代に求められるメディア・リテラシーとその教育のあり方について考える必要性について学ぶ。ソーシャルメディアは，人と人との関わりによってコンテンツが生成される特性をもつことから，これまでのメディア教育とは異なる教育内容と方法が必要になる。まず，ソーシャルメディア時代とはどのような時代なのかを確認する。その上で，どのような学習目標を設定し，学習活動を行う必要があるのかを解説する。

このように，本科目は情報化社会におけるメディアと教育のあり方に関して，第1回から第8回までは初等中等教育および高等教育において，情報通信技術に関して，情報化社会の状況を踏まえながらどのように活用していくのかについて学ぶ。第9回からは，「メディアで学ぶ，メディアを学ぶ」という視点で，メディア・リテラシー教育の実際とその意味を学ぶ。

2. 情報，メディアと教育

教育における情報，メディアの活用において，多大な貢献があるのは，学校放送である。特に，1980年代には，VTRの普及が進む。そのような中，「これまで放送番組の利用にあたっては『ナマ・継続・まるごと』として，放送時間に合わせて（ナマ），シリーズ番組として年間を通じて（継続），番組の最初から最後まで（まるごと）見ることが基本とされていたが，大きな転機を迎えることとなった」という（宇治橋2023）。メディアの活用そのものを扱うような番組も登場している。前述の宇治橋によると，「映像リテラシーについては80年代から記事がみられるが，映像視聴を含む『メディア・リテラシーの育成』についての論考は90年代からみられるようになる」という。

2000年代になると，2001年に小学校高学年用の学校放送番組として「体験！メディアのABC」が登場した。まさにメディアについて学ぶ番組だった。その後，情報活用について学ぶ「調べてまとめて伝えよう」「伝える極意」などが登場し，児童の情報活用能力の育成に寄与した。メディア・リテラシーをテーマにしている番組としては，「メディアタイムズ」が2017年に登場している。メディアの特性を理解する番組である。

メディア・リテラシーとは，「メディアが形作る『現実』を批判的（クリティカル）に読み取るとともに，メディアを使って表現していく能力」（菅谷2000）である。学習指導要領において，中心的に扱われることはまだないが，SNSやスマートフォンの活用などを児童生徒が日常的に活用することになった情報社会の現在，テーマとして注目されるようになってきた。

メディアの理解・表現・活用に関連するテーマとしては，文部科学省が，学習指導要領において，情報活用能力を学習の基盤となる資質・能力の１つと位置付けている。

小学校学習指導要領解説総則編において，「情報活用能力をより具体的に捉えれば，学習活動において必要に応じてコンピュータ等の情報手段を適切に用いて情報を得たり，情報を整理・比較したり，得られた情報をわかりやすく発信・伝達したり，必要に応じて保存・共有したりといったことができる力であり，さらに，このような学習活動を遂行する上で必要となる情報手段の基本的な操作の習得や，プログラミング的思考，情報モラル，情報セキュリティ，統計等に関する資質・能力等も含むものである。こうした情報活用能力は，各教科等の学びを支える基盤であり，これを確実に育んでいくためには，各教科等の特質に応じて適切な学習場面で育成を図ることが重要であるとともに，そうして育まれた情報活用能力を発揮させることにより，各教科等における主体的・対話的で深い学びへとつながっていくことが一層期待されるものである。」と示されている。

各教科でも関連の記述が見られる。情報の扱い方に関しては，小学校学習指導要領解説国語編　第２章 国語科の目標及び内容　第２節 国語科の内容　２〔知識及び技能〕の内容　(2) 情報の扱い方に関する事項において，以下のように示している。

> （略）急速に情報化が進展する社会において，様々な媒体の中から必要な情報を取り出したり，情報同士の関係を分かりやすく整理したり，発信したい情報を様々な手段で表現したりすることが求められている。一方，中央教育審議会答申において，「教科書の文章を読み解けていないとの調査結果もあるところであり，文章で表された情報を的確に理解し，

自分の考えの形成に生かしていけるようにすることは喫緊の課題である。」と指摘されているところである。

話や文章に含まれている情報を取り出して整理したり，その関係を捉えたりすることが，話や文章を正確に理解することにつながり，また，自分のもつ情報を整理して，その関係を分かりやすく明確にすることが，話や文章で適切に表現することにつながるため，このような情報の扱い方に関する「知識及び技能」は国語科において育成すべき重要な資質・能力の一つである。

こうした資質・能力の育成に向け，「情報の扱い方に関する事項」を新設し，「情報と情報との関係」と「情報の整理」の二つの系統に整理して示した。

例えば，「情報の整理」では，比較や分類の仕方や，図などによる語句と語句との関係の表し方を理解し使うことが示されている（図１‐１）。

情報の整理には，比較や分類という視点は重要である。例えば，「リー

第１学年及び第２学年	第３学年及び第４学年	第５学年及び第６学年
ア　共通，相違，事柄の順序など情報と情報との関係について理解すること。	ア　考えとそれを支える理由や事例，全体と中心など情報と情報との関係について理解すること。	ア　原因と結果など情報と情報との関係について理解すること。
	イ　比較や分類の仕方，必要な語句などの書き留め方，引用の仕方や出典の示し方，辞書や事典の使い方を理解し使うこと。	イ　情報と情報との関係付けの仕方，図などによる語句と語句との関係の表し方を理解し使うこと。

図１－１　情報の扱い方に関する事項

出典：文部科学省「小学校学習指導要領解説　国語編」平成 29 年

フレットをよりよく改善しよう」という本時目標がある。しかし，児童にとって，「何を改善しなくてはならないのか」が理解できなければ，それはただやらされているだけになってしまう。このように，Good と Bad あるいは Before と After を理解させながら比較し改善していくことが望ましいと考える。また，リアクションの場をどう保証するかも吟味したい。相手意識を持つことは簡単ではない。時には，厳しい評価や失敗体験も必要である。これをどう盛り込むか単元開発の時点で検討すべきである。

情報活用能力は，学習指導要領において，言語能力や問題発見・解決能力とともに，「学習の基盤となる資質・能力」と位置付けられている。まさに教科のねらいを達成する縦軸に対して，横軸をどう教科横断的に紡ぐのかということに関して，全校をあげて検討していくことになる（図 1 - 2）。

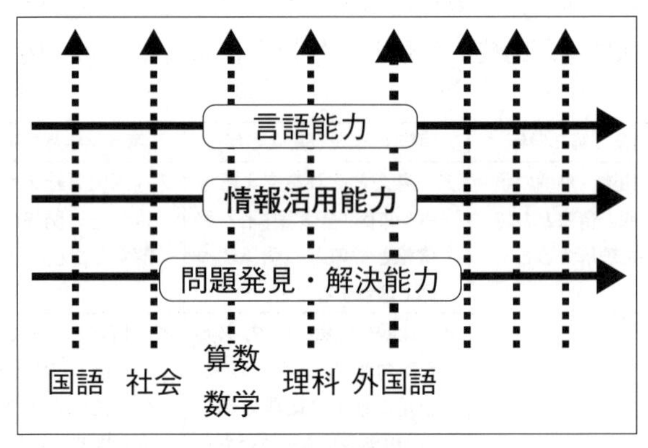

図 1 − 2　縦軸と横軸

3．教育の情報化の普及・促進

教育の情報化の普及・促進に関しては，これまでも進められてきた。今後さらに普及・促進させるには，欠かせない4条件がある。それは「活用」「スキル」「環境」「制度」の4点である（図1-3）。

図1-3　教育の情報化促進における4つの観点

（1）活用

ICTの活用なしに促進は見えない。活用と一言で言っても，そこには「日常的な活用」と「効果的な活用」の2つの側面がある。例えば，端末等の学習者用コンピュータにおいては，まずは，使ってみることが大事である。初めから効果があるかないかを目くじら立てて言い過ぎると，ICTの活用に消極的な教師は，「では，私のクラス・学年では使わない」ということになってしまう。次の段階として，正面から「効果的な活用」

を取り上げた方がスムーズにいくことも少なくない。同時進行で，（全校の児童生徒が使うことを考えると）1人1台の端末等の学習者用コンピュータを日常的に活用するために，どこに置き，どのようなルールにしたらよいかなどについて，検討することになる。こうやって，「日常的な活用」と「効果的な活用」の両面を見据えながら，校内の活用をすすめていくことが重要だ。

（2）スキル

スキルには2つの側面がある。1つは当然ながら児童生徒のスキル向上である。情報活用能力をどのように向上させていくのか，全教科・領域を横断的に考えていく必要がある。学習指導要領では，「情報活用能力」という言葉を使わなくても明らかに該当する箇所（国語科の「情報の扱い方に関する事項」など）がある。これらを洗い出し，検討していきたい。もう1つは，教師の授業改善に関することだ。例えば，端末等学習者用コンピュータの活用を指導することは，これまで教師の提示用に使っていたICT機器とは，活用法や指導の仕方が違う。どのように対応していくかをまさに問われることになっていくだろう。

（3）環境

環境の問題は，なかなか難しい。教師一人の力ではどうすることもできない事項が多いからだ。それでも，国のGIGAスクール構想により1人1台端末環境が実現し，デジタル教科書なども整備され，教育データの活用に向けて進んでいる。（4）制度に示す「必修化，法整備」が機器整備の追い風になる一面もあるだろう。

（４）制度

制度は，「必修化，法整備」と「活用選択の許容範囲拡大」をあげたい。「必修化，法整備」については，例えば，デジタル教科書の法制化，小学校プログラミング教育の必修化などである。学習者用デジタル教科書の効果的な活用の在り方等に関するガイドラインにおいて，「学習者用デジタル教科書の制度化に当たっては，学校における教科書及び教材の使用について規定する学校教育法第 34 条等の一部が改正され，新学習指導要領を踏まえた『主体的・対話的で深い学び』の視点からの授業改善や，障害等により教科書を使用して学習することが困難な児童生徒の学習上の支援のため，一定の基準の下で，必要に応じ，紙の教科書に代えて学習者用デジタル教科書を使用することができることとなる。」としている。

また，「活用選択の許容範囲拡大」であるが，特に情報通信ネットワークに関しては，自治体のガイドラインがネックで，学習に活用できないという地域もあり，今後，どのように弾力的に運用されていくかは，学習でどう活用できるかに大きく影響してくる。これも活用ニーズがさらに高まれば，一気に進む可能性もあるだろう。

このように，「活用」「スキル」「環境」「制度」の問題は，お互いに関連しあいながら活用や運用が促進されていく。

参考文献

宇治橋祐之（2023）雑誌『放送教育』52 年からみるメディアでの学び，NHK 放送文化研究所年報 2023 第 66 集，pp. 263-415

菅谷明子（2000）『メディア・リテラシー～世界の現場から～』岩波新書

2 情報・通信技術と教育

苑　復傑

《目標＆ポイント》 情報通信技術の急速な発展は，産業構造そして社会全体のあり方を大きく変えようとしている。それは学校や大学での教育のあり方に大きな影響を与えるだけでなく，教育を個別学校・大学の枠を越えて社会全体に開放する可能性も持っている。この章では，まず情報化社会とは何かを考え（第1節），その情報化社会と，教育との関係を広い視野から整理するとともに（第2節），情報技術と個人との間の背後にある基本的な問題，それが教育にもつ意味をあらためて考える（第3節）。
《キーワード》 情報通信技術（ICT），情報化社会，超スマート社会（Society 5.0），デジタル化，大学教育，主体性

1. 情報化社会とは何か

いうまでもなく「情報化社会」，「デジタル化社会」，「インターネット社会」，「スマート社会」など，情報通信技術（Information and Communication Technology＝ICT）が社会に浸透し，現代の1つの決まり文句になっている。しかしそもそも「情報化社会」とは何なのか。これからの議論の土台として，まずそこから考えていこう。

（1）情報通信技術の発展

確実なのは，情報化社会の土台となっているのは情報通信技術のハードやソフト面を含めての加速度的な発展である。

情報に関する広い意味での技術は新しいものではない。歴史的にみれ

ば，人間は長い歴史の中で，情報に関するさまざまな道具を発展させてきた。紀元前にいくつかの文明で発明された文字は，情報として時間を超えて，あるいは物理的な距離を超えて伝達されることを可能としたのである。そして15世紀における印刷技術の発明・発展は，印刷された形の知識・情報がそれまでになく大量に供給され，多数の人々に伝達されることを可能とした。19世紀に入っての電話の発明，そして20世紀に入っての無線機器，ラジオ，テレビの発明はさらに大量の情報が，きわめて多数の人々に，しかも安価に供給されることを可能とした。文明と情報とは一体となって発展してきたのである。

さらに20世紀後半，そして21世紀に入ってからの情報通信技術（ICT）の発展はきわめて目覚ましかった。半導体など一連の電子技術の発展を基礎として，ワールド・ワイド・ウェブ（World Wide Web＝WWW）によるインターネットの普及によって，情報が双方向的に，しかも大量に，瞬時に流通することが可能となった。そしてそのフォーマットをもとに，電子メールや，ウェブサイト，ソーシャルネットワーク，クラウドサービス，ブロックチェーン技術，メタバース（Metaverse），アバター（Avatar）などの新しい情報交換の形態が爆発的に拡大している。さらにそれは，タブレット，スマートフォンなどの発展につながり，さまざまな情報が常に個人に供給され，発信される条件と環境を作っている。そうした動きを情報の流通という観点から整理すれば，以下のようになろう。

第1は，ウェブサイトに関する情報検索を行うポータルサイトの拡大である。ヤフー（Yahoo）やグーグル（Google），マイクロソフト・ネットワーク（MSN），バイドゥ（Baidu）などのポータルサイトはすでに1990年代後半から活動を始めていたが，これが2000年代に入って，さらにさまざまな情報検索，共有サービスの提供を始めた。

第2は，新しい形での知識蓄積のプラットフォームが出現したことである。例えば，電子百科事典としてのウィキペディア（Wikipedia）が2001年に設置された。これは従来の百科事典としての情報の検索，解説の機能を持つものであるが，他方でその購読は無料であり，執筆もボランティアが行う。また2005年に創設されたユーチューブ（YouTube）は，映像の投稿を集積し，それを無料で公開するサービスとして急速に拡大した。さらに2016年にはティックトック（Tik Tok）がリリースされ，音楽クリップの視聴のみならず，短編動画クリップの撮影および編集・発信ができるようになった。いずれにしても膨大な情報が，無料で公開され，しかもそれが，一般から提供される，いわば情報のネットワークを形成したといえる。

第3は，個人からの情報発信と，社会ネットワークの発展である。ウェブを利用して個人が情報を発信するブログ（Blog）は2000年代初めから活発になった。その機能をさらに高度化したツイッター（Twitter）は2007年から始まり，急速に参加者を増やした。同時に個人間の情報の共有，ネットワークの形成を行うソーシャル・ネットワーキング・サービス（Social Networking Service＝SNS）と呼ばれるプラットフォームも急速に拡大した。2003年に専門家のネットワークであるリンクトイン（LinkedIn），2006年にはフェイスブック（Facebook），さらに2011年にウィーチャット（WeChat）やライン（LINE）が開発され，2022年末に対話型のAIロボットChatGPT，BingAI，Bard，文心一言などが登場し，人の質問に即時に回答し，大きな反響を呼んで，加入者，ユーザーが爆発的に拡大して今日に至っている。

最近ではデジタル技術の発展がさらに加速して，情報処理速度・記憶媒体の容量が飛躍的に拡大し，情報の伝達を拡大している。大容量の第5世代移動通信システム（5G）が現実のものとなり，それが可能とするIoT（Internet of Things：モノのインターネット）が進んでいる。さらに，ビッグデータ(Big Data)の利用，人工知能(Artificial Intelligence＝AI）の開発進展，それに基づく各種のロボットの利用など，情報通信技術の領域を超えて，モノの生産・流通・販売や医療・介護，自動運転，行政，ヒトの生活をより豊かにすることにも起用している。

こうした急速なICT技術の発展は，社会における情報の所在とその検索と獲得，個人間のネットワークのあり方，コミュケーションの仕方に大きな影響を与えることになった。

ここで留意しておかねばならないのは，こうした技術的な発展は，具体的な需要があって，それに応えるために起こったわけでは必ずしもない，という点である。むしろ，こうしたデジタル技術の自律的な発展が，これまで考えられなかった社会的需要を呼び起こし，それを基礎にまた新しい発展が起こる，という形で進展してきたのである。このような情報通信技術の発展の特質は，新しい社会発展の可能性を引き起こすとともに，予期できないさまざまな影響をも生み出すことになる。これについては後に述べる。

（2）経済産業構造の変化

情報化社会が議論されるもう1つのコンテクストは，それが社会・経済的な産業構造の発展と重要な関係を持っていることである。

言うまでもなく，歴史的にみれば一国の産業構造は，農林漁業（第一次産業）を中心としたものから，工業・製造業を中心としたもの（第二次産業）に発展する。そしていま，多くの国々では，いわゆるサービス産業（第三次産業）が大きな役割を果たすようになった。

情報化社会はこの第三次産業の中心の1つとなるものである。ただしそれは情報化が第三次産業だけに直結するということを意味するものではない。むしろ重要なのは，農林漁業においても，さまざまな技術発展が起こり，それを支える知識が必要となっていると同時に，国際的なマーケットについての情報など，情報が重要な役割を果たすようになっている。工業部門でも，直接的な製造プロセスは次第に人の直接の労働に頼るものから，高度の知識を基にした施設設備をオートマチックに駆使する人工知能（AI）に代わっている。生産活動自体に，高度の情報や知識・技術が不可欠になっているのである。さらにいわゆるサービス部門に属する活動でも，例えば商業部門などでは，ネット販売，オンライン決済など，タブレットやスマートフォン，コンピュータなどの情報機器の操作や，インターネットの利用が人間の生産・消費活動に不可欠になっている。

情報そのものが人間の生活そのものに重要な意味を持つようになった。新聞や雑誌，テレビ，ラジオなどでさまざまな情報コンテンツを消費することは現代の生活を営むためには不可欠となっている。そしてインターネットなど新しい情報通信技術はさらに新しい需要を作っており，IoT というモノのインターネットは人々の社会生活と不可分となってきている。こうした意味での情報化は，情報産業（第四次産業）といった言葉とその意味が重なる。

もう一方で，そうした産業活動に必要な人間の能力はこれまでのものとは違ってくる。直接に手や体力を使う仕事は，さまざまな機械や設備に置き換えられる。人間には，むしろそうした機械や設備を操作する能力が求められる。そして同時に，そうした機械・設備の自動化を企画し，設計することも必要になるだろう。さらに情報コンテンツそれ自体を作る能力もきわめて重要になる。こうした意味で，情報化社会は，インターネット技術，デジタル技術，AI による情報機器操作によって先鞭をつけられる一方で，人間の持つ知識や能力にも大きく依存するのである。

(3)「超スマート社会（Society 5.0）」

情報産業（第四次産業）の拡大は，単に産業構造のあり方を変えるだけでなく，社会構造や人間の行動にも大きな変化をもたらす，1つの未来社会像をも作りだす。それは社会全体の1つの発展ビジョンとなっている。政府関係機関が日本の将来の姿として描く「超スマート社会（Society 5.0）」はそうした姿を示すものである。その概要は『第6期科学技術・イノベーション基本計画 2021～2025』（閣議決定 2021），『デジタル社会形成基本法』（令和3年法律第35号 2021），『世界最先端デジタル国家創造宣言・官民データ活用推進基本計画』（閣議決定 2018），『未来投資戦略 2018―「Society 5.0」「データ駆動型社会」への変革に向けて―』（閣議決定 2018）などの一連の政府文書に示されている。

ここで論じられているのは，上述の産業・社会発展との関連でいえば，狩猟社会（Society 1.0），農耕社会（Society 2.0），工業社会（Society 3.0），情報社会（Society 4.0）に続く，新たな社会が超スマート社会（Society 5.0）であるという点にある。このSociety 5.0においては，「我々の身の回りに存在する様々なセンサーや活動履歴（ログ）等から得られる膨大なデータ（ビッグデータ）が，AIにより解析され，その結果がインターネットに接続される。機械学習の技術の発展により，音声認識，画像理解，言語翻訳等の分野で人と同等以上の能力を人工知能（AI）が持つようになり，これらを応用した自動運転車やドローン，会話ロボット・スピーカ，翻訳機，介護ロボット・医療診断補助などの製品・サービスが実装化される。」（文部科学省大臣懇談会 2018）という。こうした意味で，情報化が人間の働き方や生活の仕方自体を大きく変えることになるとされるのである。そしてその社会をいかに実現するかに，日本の将来がかかっている，ということになる。

ただしもう一方で，こうした情報化社会は単にバラ色の未来社会ではない。AI やそれに関連するデジタル技術の発展は，これまで人間にしかできないと思われてきた作業の一部を，機械ないしロボットが担うことができるようになることを意味する。実際，1980 年代のコンピュータの広範な普及は，一部の事務職労働者の需要を減少させた。いま想定されている AI 関連の技術の発展はさらに大きな範囲での労働機会を失くす可能性をも持っている。こうした意味で，情報化社会に人間がどのように適応していくか，という問題も重要となっているのである。

2. 情報化社会と教育

以上に述べた情報化社会と，学校・大学との間にはどのような関係があるのであろうか。それを図 2 - 1 に示した。両者の関係には①，②，③の 3 つの側面がある。

（1）情報通信技術（ICT）の活用

まず，情報通信技術（ICT）の発展は，学校における教育課程・授業をより豊かで効果的にすることができる。

情報通信技術の発展は何よりも，処理し得る情報量とその操作可能性，処理速度を飛躍的に増加させた。これまでと比べて遥かに情報量の多い音声や画像，映像を授業で用いる教材とすることができる。それによって複雑な物理現象や，あるいは通常の経験では見られない現象を学習者は疑似体験し，直観的に把握することができる。

また情報通信技術が高い再現性を持つから，学習者は一定の授業・教材の内容を必要に応じて何回もみることによって，学習を確実にすることができる。それは個人がその必要に応じて学習を進めることをも可能とする。こうした意味で学級集団における一括した学習を，個別の到達度に応じた学習によって補うことも可能となる。

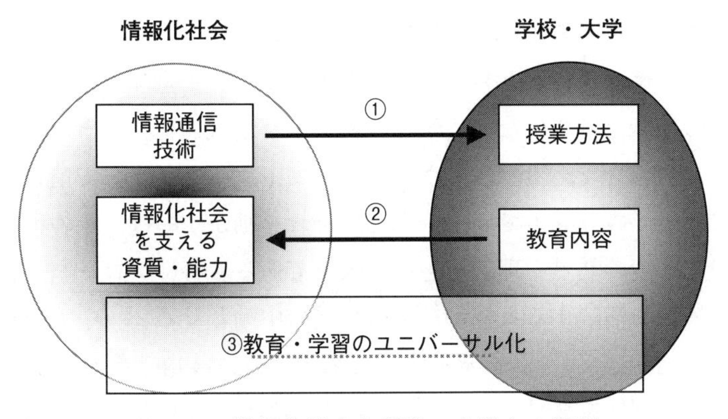

図2－1　情報化社会と学校・大学との関係

出典：著者作成

こうした可能性はより詳しく具体的に，初等中等教育については本書の第4章，第5章，第6章において，大学教育については第7章で論じられる。

(2) 情報化社会の基盤となる知識・技能の形成

学校教育は情報化社会を担い，発展させる人材を養成することによって，情報化社会を支える役割を果たす。

情報通信技術のハードウェア，ソフトウェアを開発・発展させていく，情報関連の人材の養成が重要であることは言うまでもない。大学や専門学校ではとくに，情報関連分野の専門人材の養成課程の拡充が望まれている。また数理，データサイエンスに関する基本的な素養を，小中学校あるいは大学の教育課程に組み込むことも提起され，実行されつつある。そして情報化社会においては，一般に情報にアクセスし，利用する能力が必要になることは言うまでもない。これは「メディア・リテラシー」といわれる能力に対応する。これについては特に初等中等教育との関連において，本書の第10章以降で解説される。

しかし，情報化社会と教育に必要なのはそうした意味での狭い情報通信技術の知識だけではない。情報化社会は「情報通信技術そのものだけでなく，それを支えるハードウェア，ソフトウェア，そして情報の内容などによって成り立っている。そしてそれを動かすのは，そのそれぞれについて高度の知識や理論をもった人々である。特にグローバル化した情報化社会で活躍する人材が社会の発展の中軸となる。」（中央教育審議会 2018），「Society 5.0 を牽引するための鍵は，技術革新や価値創造の源となる飛躍知を発見・創造する人材と，それらの成果と社会課題をつなげ，プラットフォームをはじめとした新たなビジネスを創造する人材である」（文部科学省大臣懇談会 2018）。そのために「産業界からは，より高度かつ実践的・創造的な職業教育や，成長分野等で必要とされる人材養成の強化も期待されており，高等教育機関全体としてその期待に応えていくための機能強化を図ることが重要となっている。」

上述のように，デジタル技術，情報通信技術が大きく社会のあり方を変えるものであり，しかもそこに一定の不安定さ，不可測性が含まれているとすれば，むしろ学習者に幅広い能力や判断力をつけることがきわめて重要になってくる。「これからの時代に求められるのは，個々の能力・適性に合った専門的な知識とともに，幅広い分野の知識や考え方を俯瞰して，自らの判断をまとめ，表現する力を備えた人材である。また，求められる人材は一様ではなく，むしろそれぞれが異なる強みや個性を持った多様な人材によって成り立つ社会を構築することが，社会全体としての各種変化に対する柔軟な強靭さにつながるものである」（国立大学協会 2018）。

このように考えれば，情報化社会においてどのような人間像が望まれるか，が問題となる。これについてはさらに第3節で述べる。

（３）教育・学習のユニバーサル化

いま１つの重要な側面は，情報化社会では産業・社会構造の変化が常態化するため，個人の知識・技能は常に陳腐化する恐れがあることである。またそのような社会では若者が将来について抱くキャリア像も具体的なものになりにくい。キャリア像を持つことは重要だとしても，それを常に修正し，それに応じた知識や技能を獲得することもきわめて重要になるのである。また若年期に何らかの理由で十分な教育機会を与えられなかった人が，社会に入ってから教育・学習の機会を与えられることは，きわめて重要である。

こうした意味で，社会に出た人々が常に学習をする機会が与えられていることは，個々人の自己実現に不可欠であるばかりでなく，社会全体としても大きな社会変化に耐え，新しい社会発展を実現するうえでも重要である。

情報通信技術の発展はこうしたニーズを実現する可能性を拓く。インターネットなどの利用によって，個人は学校・大学への通学という，地理的・時間的制約に縛られることなく学習の機会を与えられる。その意味で，社会と学校・大学を隔てる壁は低くなり，いわば教育・学習のユニバーサル化が進む可能性が生じるのである。

以上述べた３つの側面は，初等中等教育と高等教育で異なる。本書では初等中等教育について，（１）のICTの活用の側面を第３，４，５，６章で，また（２）の情報化社会で要求される資質・能力については，第７章以降で考える。情報化社会と大学教育（図２-１）の①と②については第７章で，そして③の情報化社会における教育・学習のユニバーサル化については第８章で述べる。

3. 情報化社会の人間像

ところで以上に述べたように，情報化社会は教育の新たな可能性を拓くとともに，その形成に教育がきわめて重要な役割を果たす。そして情報化社会では従来の学校・大学の枠を越えて，教育と学習が行われる社会になる。それは一見してバラ色の世界であるかに見えるが，しかし情報化社会が進展するからこそ，考えておかねばならない問題もある。

(1) 情報化社会の隘路（あいろ）

情報化社会は個人にとって，国を越えてさまざまな情報がきわめて容易に入手し得る社会である。社会としてみれば，いろいろな情報が，さまざまな形で多元的に集積されている。同時に個人間のコミュニケーションの手段がきわめて多様になり，従来の地域や職場を超えて，多様な個人間のネットワークが作られる。その中で個人は，仕事や生活に必要な情報を入手するとともに，他の個人とのコミュニケーションを通じて，本来の文化的な要求を満たすことができる。モノの消費を超えて，直接に自分が欲する人間関係や満足感を得られる環境が生じつつあるのである。そうした環境を十分に利用して自らを成長させ，物質的にも精神的にも豊かな生活を送る可能性が生じているとも言えよう。

しかし他方で，そうした環境の中で，自分が何を本当に欲しているのかは，実は多くの人にとって明らかではない。その中でさまざまな情報が容易に提供されるということは，むしろ個人の中に混乱を生じさせる原因ともなる。現実の多様性，不確実性，変化の速さ，次々に出遭う，いわゆるニューノーマルが，むしろ個人の視野を幻惑するのである。そしてそれは，これから成長しようとする若者に特に重要な影響を与える。情報化社会とは，スマホを一日中いじりまわしていることを意味するのであれば，それはむしろインターネットの世界にそれだけの時間を閉じ込められていることを意味する。

情報化社会の若者，特に先進国にいる彼らは，一応は充足した生活を送り，多様な可能性を与えられながら，むしろそれ故に，自分の将来について見通しを持ちにくくなっているとも言える。そうした意味で，個人としての成長は，むしろ難しくなっているとも言える。しかも一定のキャリアに入ったとしても，職業の激しい流動性の中で，また常に自らの置かれた立場を見直し，自分の将来を見通していくことが求められる。

（２）主体性を支える力

こうした社会では，個人の主体性があらためて重要となる。文科省で行われた懇談会では次のように言われている。「Society 5.0 において我々が経験する変化は，これまでの延長線上にない劇的な変化であろうが，その中で人間らしく豊かに生きていくために必要な力は，これまで誰も見たことがない特殊な能力では決してない。むしろ，どのような時代の変化を迎えるとしても，知識・技能，思考力・判断力・表現力をベースとして，言葉や文化，時間や場所を超えながらも自己の主体性を軸にした学びに向かう一人ひとりの能力や人間性が問われることになる。」（文部科学省大臣懇談会 2018）。

問題はこのような意味での主体性をどのように形成するかにある。情報通信技術はそのままではこうした課題に答えることは難しい。その意味で情報化社会は情報通信技術のみで成り立つものではない。こうした意味で，学校や大学が個人の主体性，それを支える深い意味での自己認識，思考力・判断力・表現力，さらに基礎的な知識・技能をどのように形成するか，という教育本来の根本的問題が再び問われるのである。

（3）相互作用としての学習

そのような人間や教育についての根本的な課題をここで十分に論ずることはできない。しかし本章のテーマでもある，情報・通信技術と教育という視点からいえば，次のような点を指摘することができよう。

学習と情報をめぐる図式を考えてみよう（図2-2）。ここでは個人の知識能力は，①個別の具体的知識・技能，②汎用的基礎学力，知識能力，そして③自己認識からなっている。それは自然や社会，他者，さらにはすでに蓄積された知識体系の影響を受けるのである。そうした意味での成長は自然に生じることもある。しかし多くの場合は，それを意図的に行わねばならない。意図的に働きかけ，成長を支援していくことこそが「教育」の本質である。

実際，人間は長い歴史の中で，とくに必要な情報を社会に共有される知識・技能，あるいは文化として蓄積してきた。さらに学校教育が発達するに従って，教師は，特に重要だと思われる知識を分類，体系化して子どもに教えやすい形にした。それが学校における「教科」の始まりである。

こうした学校教育のあり方は，近代になって確立したものである。しかしそうした教育のあり方に対しては批判も大きかった。その代表的な論者が19世紀から20世紀初頭においてアメリカで大きな影響力をもったジョン・デューイである。彼は，知識として整理された情報をただ提供される，ということは，真の学習，そして成長とは結び付かない，と言う（デューイ；市村訳1998）。

子どもは社会や自然に対して働きかけることによって，さまざまなことを学び取る能力を持っているし，それこそが真に有効な教育となり得るのだ，と主張している（デューイ；市村訳2004）。そしてデューイの考え方はその後も強い影響力を持ち続け，現代にも及んでいる。

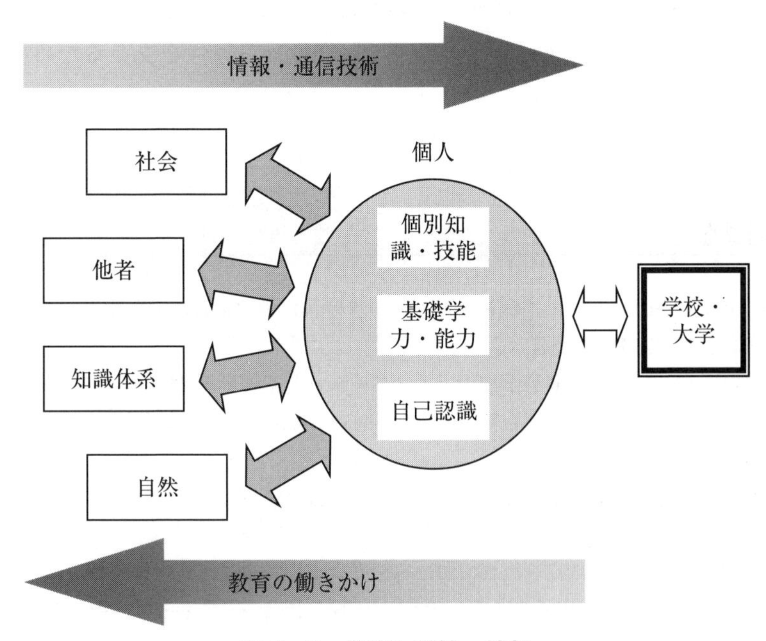

図２－２　学習と環境，情報

出典：著者作成

しかし，教育が効果的であるためには，単に知識や情報が与えられるだけではなく，受け手の側がそれに興味を持ち，主体的に働きかける必要がある。この２つの力が交錯することによって，深い学習が成立するという点では，子どもにも大学生にも違いはない。そうした意味で，自然，社会，あるいは学校・大学における教師と，生徒・学生との相互作用がやはり重要な意味を持っている。情報化社会でも，いや情報化社会であるからこそ，こうした相互作用がきわめて重要な意味を持つのである。

情報化社会における学校と大学は，学習の背後にあるこうしたダイナミクスを意識し，それを活かしていくことが求められる。それが情報社会という，一見バラ色の未来像の持つ脆弱性，危険性を支えるために不可欠な視点となる。

参考文献

安宅和人（2020）『シン・ニホン　AI×データ時代における日本の再生と人材育成』NEWS PICKS PUBLISHING

閣議決定（2021）『第 6 期科学技術・イノベーション基本計画 2021〜2025』

閣議決定（2018）『未来投資戦略 2018―「Society 5.0」「データ駆動型社会」への変革に向けて―』

閣議決定（2018）『世界最先端デジタル国家創造宣言・官民データ活用推進基本計画』

国立大学協会（2018）『高等教育における国立大学の将来像（最終まとめ）』）

ジョン・デューイ著／市村尚久訳（1998）『学校と社会―子どもとカリキュラム』講談社学術文庫

ジョン・デューイ著／市村尚久訳（2004）『経験と教育』講談社学術文庫

令和 3 年法律第 35 号『デジタル社会形成基本法』

文部科学省大臣懇談会（2018）「Society 5.0 に向けた人材育成〜社会が変わる，学びが変わる」

文部科学省中央教育審議会（2018）「第 3 期教育振興基本計画について（答申）」

横尾壮英（1999）『大学の誕生と変貌―ヨーロッパ大学史断章』東信堂

3　小学校における情報通信技術の活用

中川　一史

《**目標＆ポイント**》 情報化社会への対応とは，必ずしも，SNSを使ったり，有害情報の対処をしたりすることだけではない。本章では，学習指導要領に見る情報化社会への対応と，小学校の授業の実際および情報化社会に対応する小学校の取り組みについて紹介する。
《**キーワード**》 小学校，情報化社会，授業，カリキュラム

1．小学校学習指導要領における情報通信技術の活用

2020年度全面実施の小学校学習指導要領解説総則編　第3章 教育課程の編成及び実施　第3節 教育課程の実施と学習評価　1 主体的・対話的で深い学びの実現に向けた授業改善　(3) コンピュータ等や教材・教具の活用，コンピュータの基本的な操作やプログラミングの体験 によると，以下のように示している。

> 児童に第1章総則第2の2 (1)に示す情報活用能力の育成を図るためには，各学校において，コンピュータや情報通信ネットワークなどの情報手段及びこれらを日常的・効果的に活用するために必要な環境を整えるとともに，各教科等においてこれらを適切に活用した学習活動の充実を図ることが重要である。また，教師がこれらの情報手段に加えて，各種の統計資料や新聞，視聴覚教材や教育機器などの教材・教具を適切に活用することが重要である。今日，コンピュータ等の情報技術は急激な

進展を遂げ，人々の社会生活や日常生活に浸透し，スマートフォンやタブレットPC等に見られるように情報機器の使いやすさの向上も相まって，子供たちが情報を活用したり発信したりする機会も増大している。将来の予測は困難であるが，情報技術は今後も飛躍的に進展し，常に新たな機器やサービスが生まれ社会に浸透していくこと，人々のあらゆる活動によって極めて膨大な情報（データ）が生み出され蓄積されていくことが予想される。このことにより，職業生活ばかりでなく，学校での学習や生涯学習，家庭生活，余暇生活など人々のあらゆる活動において，さらには自然災害等の非常時においても，そうした機器やサービス，情報を適切に選択・活用していくことが不可欠な社会が到来しつつある。

そうした社会において，児童が情報を主体的に捉えながら，何が重要かを主体的に考え，見いだした情報を活用しながら他者と協働し，新たな価値の創造に挑んでいけるようにするため，情報活用能力の育成が極めて重要となっている。第1章総則第2の2(1)に示すとおり，情報活用能力は「学習の基盤となる資質・能力」であり，確実に身に付けさせる必要があるとともに，身に付けた情報活用能力を発揮することにより，各教科等における主体的・対話的で深い学びへとつながっていくことが期待されるものである。今回の改訂においては，コンピュータや情報通信ネットワークなどの情報手段の活用について，こうした情報活用能力の育成もそのねらいとするとともに，人々のあらゆる活動に今後一層浸透していく情報技術を，児童が手段として学習や日常生活に活用できるようにするため，各教科等においてこれらを適切に活用した学習活動の充実を図ることとしている。

各教科等の指導に当たっては，教師がこれらの情報手段のほか，各種の統計資料や新聞，視聴覚教材や教育機器などの教材・教具の適切な活用を図ることも重要である。各教科等における指導が，児童の主体的・

対話的で深い学びへとつながっていくようにするためには，必要な資料の選択が重要であり，とりわけ信頼性が高い情報や整理されている情報，正確な読み取りが必要な情報などを授業に活用していくことが必要であることから，今回の改訂において，各種の統計資料と新聞を特に例示している。これらの教材・教具を有効，適切に活用するためには，教師は機器の操作等に習熟するだけではなく，それぞれの教材・教具の特性を理解し，指導の効果を高める方法について絶えず研究することが求められる。

（略）

情報手段を活用した学習活動を充実するためには，国において示す整備指針等を踏まえつつ，校内のICT環境の整備に努め，児童も教師もいつでも使えるようにしておくことが重要である。すなわち，学習者用コンピュータのみならず，例えば大型提示装置を各普通教室と特別教室に常設する，安定的に稼働するネットワーク環境を確保するなど，学校と設置者とが連携して，情報機器を適切に活用した学習活動の充実に向けた整備を進めるとともに，教室内での配置等も工夫して，児童や教師が情報機器の操作に手間取ったり時間がかかったりすることなく活用できるよう工夫することにより，日常的に活用できるようにする必要がある。（略）

このように，コンピュータや情報通信ネットワークなどの情報手段およびこれらを日常的・効果的に活用するための必要性や，教師の指導の効果を高める方法についての研究について解説している。

これを受けて，小学校学習指導要領　国語　第3　指導計画の作成と内容の取扱い　2（1）ウ では，

（略）第３学年におけるローマ字の指導に当たっては，第５章総合的な学習の時間の第３の２の(3)に示す，コンピュータで文字を入力するなどの学習の基盤として必要となる情報手段の基本的な操作を習得し，児童が情報や情報手段を主体的に選択し活用できるよう配慮することとの関連が図られるようにすること。

また，第３　指導計画の作成と内容の取扱い　２ (2) では，

（略）児童がコンピュータや情報通信ネットワークを積極的に活用する機会を設けるなどして，指導の効果を高めるよう工夫すること。

としている。

小学校学習指導要領　算数　第３　指導計画の作成と内容の取扱い　２　では，

(1) 思考力，判断力，表現力等を育成するため，各学年の内容の指導に当たっては，具体物，図，言葉，数，式，表，グラフなどを用いて考えたり，説明したり，互いに自分の考えを表現し伝え合ったり，学び合ったり，高め合ったりするなどの学習活動を積極的に取り入れるようにすること。

(2) 数量や図形についての感覚を豊かにしたり，表やグラフを用いて表現する力を高めたりするなどのため，必要な場面においてコンピュータなどを適切に活用すること。(略)

としている。

さらに，小学校学習指導要領　理科　第３　指導計画の作成と内容の取扱い　２　では，

> (2) 観察，実験などの指導に当たっては，指導内容に応じてコンピュータや情報通信ネットワークなどを適切に活用できるようにすること。
> (略)

としている。

このように，各教科・領域において，コンピュータや情報通信ネットワークなどの活用について言及している。

2．情報通信技術の活用事例

では，小学校においてどのような情報通信技術の活用事例があるだろうか。

（1）知識・理解の補完

〈事例１〉４年・算数「立体図形」

立体図形について，面の形に着目して分類し，分類した立体図形の特徴を見いだすことをねらいとした。単元全９時間のうち，第１次（４時間）では，グループで立体の分類とともに，直方体，立方体の性質をとらえる活動を行った。第２次（３時間）では，見取り図や展開図を書く活動である。第３次（２時間）では，平面や空間にある点の位置の表し方について学習を行った。本時は，第１次の４分の２時間で，グループで立体図形を分類し，直方体や立方体の性質を分類しながら捉え，階層化してまとめた。第１階層に立体図形を撮影し分類，第２階層に特徴，

第３階層に特徴の説明を写真や言葉で追加するというルールを設定した。写真を撮影し書き込みをしたり，階層全体を俯瞰したりして，類似点や相違点から立体の特徴を見出した。

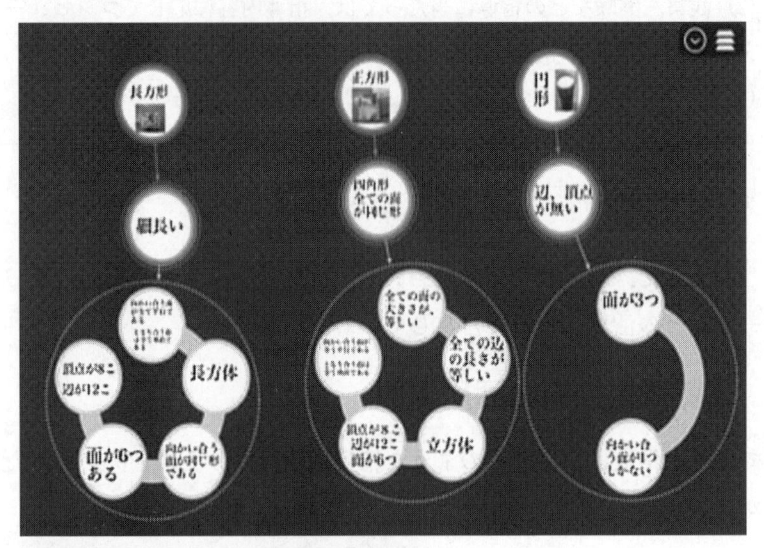

写真３－１　活動の様子
（E-VOLVOX：スズキ教育ソフト）

（2）技能の習得

〈事例2〉5年・理科「メダカを育てよう」

動画クリップを視聴し，メダカの雌雄の区別や魚の誕生に対する科学的理解を深めることができることをねらいとして，「メダカに卵を産ませよう」を学習課題に，全単元を各グループでの問題解決学習として行った。雌雄のメダカを選別するところから始まり，ペットボトル水槽でグループごとにメダカを実際に育てながら学習を進めた。各グループで学校放送番組や動画クリップを視聴したり，実物を観察したりして，第2～4時において問題解決学習を行った。この3時間は，授業の開始時や終了時に，一斉指導で学習内容の確認や振り返りをする以外は，各グループで追究計画に従い，学習を進めた。実体験と動画クリップを何度も往復することを通して，魚の誕生に対する科学的理解を深めることができた。

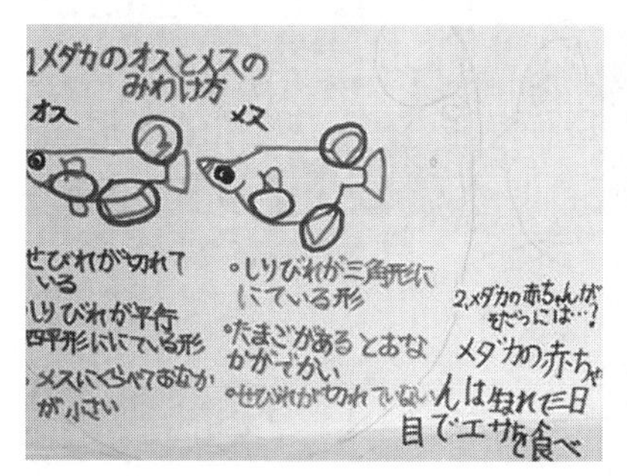

写真3－2　活動の様子

（3）思考力・判断力・表現力の育成

〈事例3〉5年・社会「災害に役立つメディアを考えよう」

放送，新聞などの情報産業（メディア）が，私たちの生活に大きな影響を及ぼしていることや，メディアを通した情報の有効な活用が大切であることに関して考えることができることをねらいとした。学習ゴールをグループごとに災害時に役立つメディアを１つ決め，理由を付けて説明をすることとした。そこで，各メディアについて，グループを解体し，新聞，テレビ，ラジオ，インターネットの４つの専門グループでジグソー学習的に追究活動を行った。各専門グループで調べたことを元のグループで共有し，各メディアの特徴を整理し，災害時に役立つメディアについて話し合った。専門グループで調べたことを協働ツール（E-VOLVOX：スズキ教育ソフト）のプレートに書き込み，集まった４つのメディアの特徴を各グループで共通点や相違点を見いだしながら，関連する内容をつなげたり階層にしてまとめたりした。そして，災害時に役立つメディアについて，グループで話し合い，根拠をはっきりさせて結論を導くことにした。

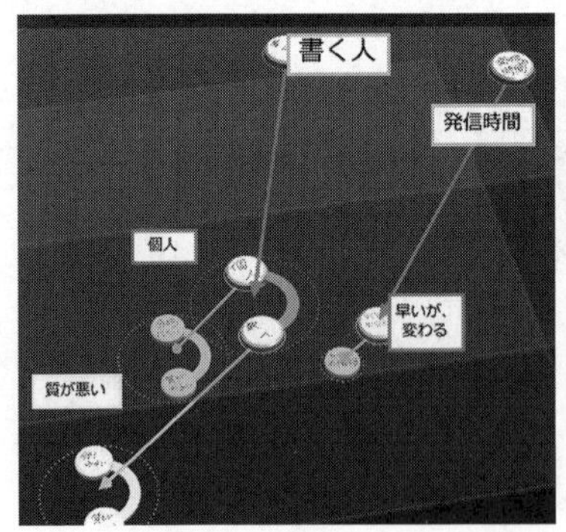

写真３－３　活動の様子

〈事例４〉６年・社会「信長・秀吉・家康と天下統一」

社会科における主体的な学びを促すために，学校放送 NHK for School『Q～子どものための哲学』『歴史にドキリ』の視聴を行い，対話スキルや情報活用能力の習得を目指した。その際に，学習者用コンピュータを活用することで，学習意欲の向上や対話による学習の深まりといったものが見られるようになった。また，戦国時代の始まりの様子を視聴して，どのような時代が始まるのかをイメージできるようにした。

２人で２台の端末を使用し，個人思考や情報共有といった目的に応じて使うことができるようにした（図３-１）。

対話スキル「なんで？」で考えた疑問（一部）
◯織田信長
「なんで，室町幕府を滅ぼしたの？」
◯豊臣秀吉
「なんで武士・町人と百姓の住む場所を分けたの？」
◯徳川家康
「信長や秀吉は関西なのに，なんで家康は関東に城をつくったの？」

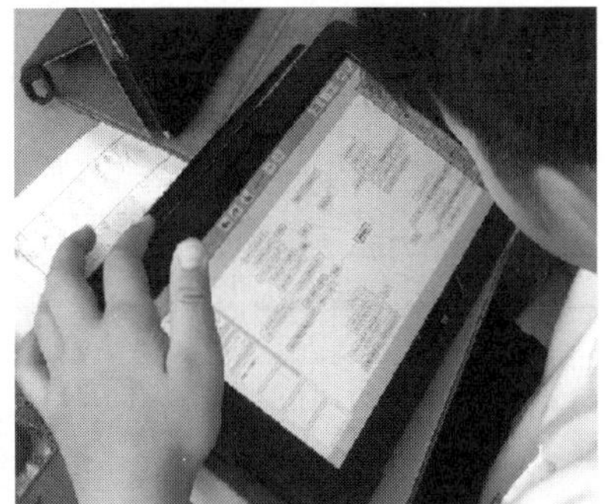

写真３－４　学習活動の様子

調べる中で抱いた新たな疑問を全体で共有し，すでに収集した情報で説明できる疑問と，新たに調べる必要がある疑問とを対話を通して分類した（写真３-４）。

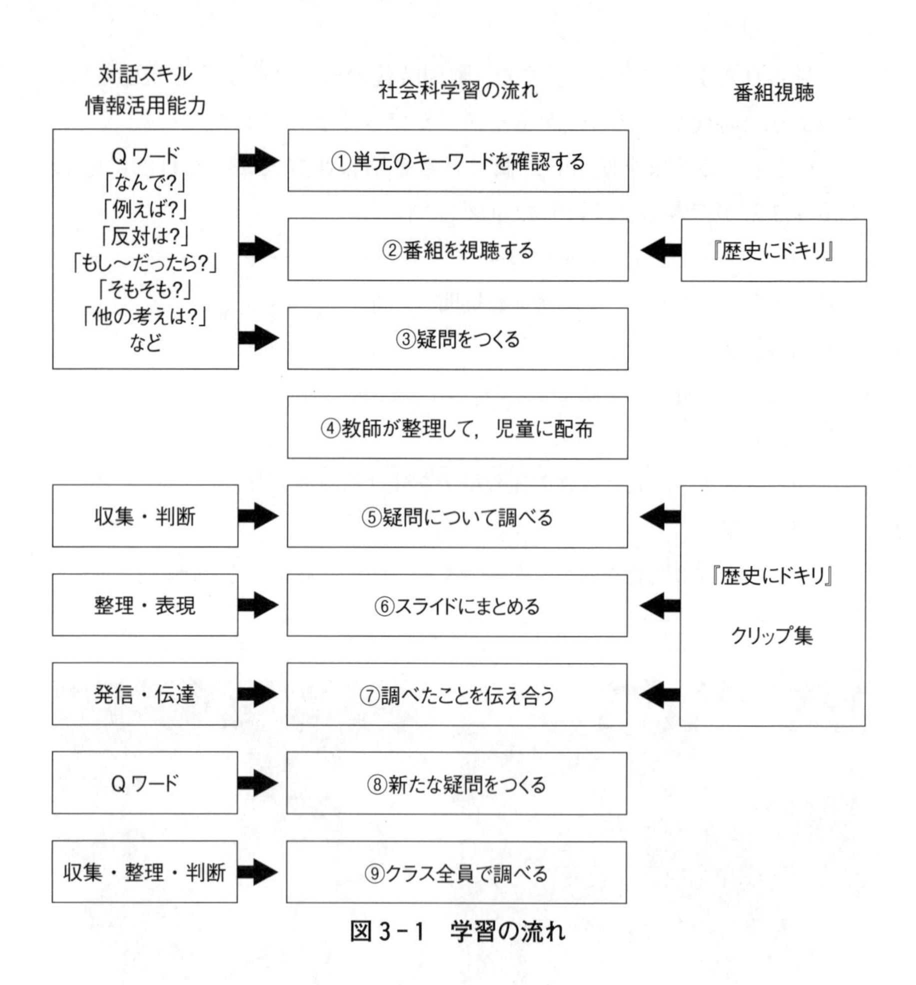
対話スキル
情報活用能力
社会科学習の流れ
番組視聴
Qワード
「なんで?」
「例えば?」
「反対は?」
「もし～だったら?」
「そもそも?」
「他の考えは?」
など
①単元のキーワードを確認する
②番組を視聴する
『歴史にドキリ』
③疑問をつくる
④教師が整理して，児童に配布
収集・判断
⑤疑問について調べる
整理・表現
⑥スライドにまとめる
『歴史にドキリ』
クリップ集
発信・伝達
⑦調べたことを伝え合う
Qワード
⑧新たな疑問をつくる
収集・整理・判断
⑨クラス全員で調べる

図3－1　学習の流れ

〈事例５〉６年・総合的な学習の時間「メディアとの上手な付き合い方を考えよう」

児童は，スマホや端末などのメディアを使ってさまざまな情報を収集することに慣れている。調べ学習をする際にもインターネットを使って調べようとする児童が多く，また，端末を使った学習でも意欲的に学習する児童の姿が多く見られる。このように，児童にとって身近な物であるが，このメディアとの上手な付き合い方がわからずに，トラブルになる事例も近年増加している。そこで，「スマホと上手に付き合う方法を考えよう！」という課題をもとに情報を収集し，スマホの利便性と危険性の両方の情報を元に，「スマホとどう付き合うべきか」についての自分の考えをまとめ，さらに，外部講師との交流を通して，その都度自分の考えをまとめ直した（写真３‐５）。

写真３‐５　学習活動の様子

実践情報および資料提供：
事例１，２，３：菊地寛氏（実践当時：浜松市立雄踏小学校）
事例４，５：藤木謙壮氏（実践当時：備前市立日生西小学校）

3．情報通信技術の活用における留意点

小学校において，情報通信技術を活用する上で，どのような留意点があるだろうか。

①ICT と非 ICT の「選択」と「組み合わせ」を検討する

さまざまな学習活動では，画用紙や模造紙，紙のカードや実物など，従来の非 ICT ツールと，端末等の学習者用コンピュータ，大型提示装置，あるいはデータを転送・共有できる協働ツールや学習支援ソフトウェアなどと組み合わせて活用することになる。いつ，どの場面でどのような選択を行うのか，どのように組み合わせるのか，そこをしっかり検討しつつ，活用していくことが重要となる。あくまでも ICT の活用は，学びを拡張するものであると考える（図 3 - 2）。

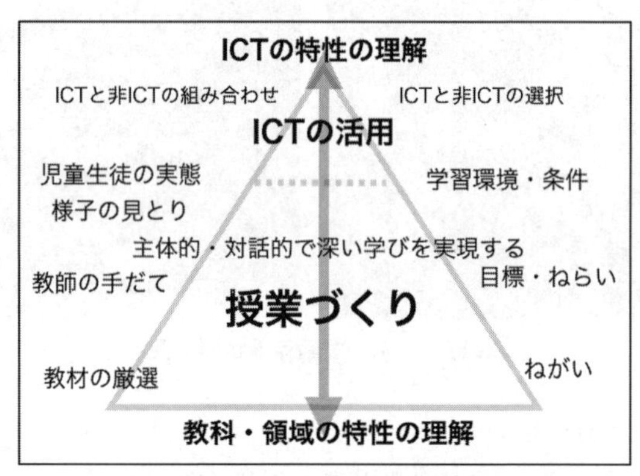

図 3－2　学びを拡張する ICT

②学級差ができない配慮を検討する

全国の小学校で, 1 人 1 台端末環境の整備はなされたが, それでも ICT に詳しいか, 興味があるかなど, 教師の個人差で, 各学級での ICT 活用頻度が著しく偏ることがある。学習効果に大きく影響することもあるので, 特に学年内では教師同士が情報交換を密に行う必要がある。

③情報活用能力育成や情報モラル教育に関して全校をあげて実施する

いつも手元に端末があり, 使えるようになった他, 授業以外や家庭においても端末を活用するようになった。そのため, 児童自ら情報を活用する力をつけたり, 情報モラルを身に付けたりする必要がある。このことは全校で取り組みたい。

4　中学校における情報通信技術の活用

中川　一史

《目標＆ポイント》 学習指導要領に見る情報化社会への対応と情報化社会に対応する中学校の取り組み，および中学校での情報化社会に関する授業の実際やカリキュラムのあり方について紹介する。
《キーワード》 中学校，情報化社会，授業，カリキュラム

1．中学校学習指導要領における情報通信技術の活用

2021年度全面実施の中学校学習指導要領　第1章 総則　第3 教育課程の実施と学習評価　1 主体的・対話的で深い学びの実現に向けた授業改善　(3) によると,「(略) 情報活用能力の育成を図るため，各学校において，コンピュータや情報通信ネットワークなどの情報手段を活用するために必要な環境を整え，これらを適切に活用した学習活動の充実を図ること。また，各種の統計資料や新聞，視聴覚教材や教育機器などの教材・教具の適切な活用を図ること。」としている。

また，国語　第3 指導計画の作成と内容の取扱い　2 (2) では,「(略) 内容の指導に当たっては，生徒がコンピュータや情報通信ネットワークを積極的に活用する機会を設けるなどして，指導の効果を高めるよう工夫すること。」と促している。

社会　第3 指導計画の作成と内容の取扱い　2 (2) では,「情報の収集，処理や発表などに当たっては，学校図書館や地域の公共施設などを活用するとともに，コンピュータや情報通信ネットワークなどの情報

手段を積極的に活用し，指導に生かすことで，生徒が主体的に調べ分かろうとして学習に取り組めるようにすること。その際，課題の追究や解決の見通しをもって生徒が主体的に情報手段を活用できるようにするとともに，情報モラルの指導にも留意すること。」と，生徒が調べる際の留意点を示している。

数学　第2 各学年の目標及び内容〔第1学年〕 2 内容　D データの活用　(1) では，「データの分布について，数学的活動を通して，次の事項を身に付けることができるよう指導する。」としながら，「ア　(イ) コンピュータなどの情報手段を用いるなどしてデータを表やグラフに整理すること。」と，知識および技能を身に付けることについて示している。

音楽に関しては，第3 指導計画の作成と内容の取扱い　2 (1) エで，「生徒が様々な感覚を関連付けて音楽への理解を深めたり，主体的に学習に取り組んだりすることができるようにするため，コンピュータや教育機器を効果的に活用できるよう指導を工夫すること。」としている。

さらに，総合的な学習の時間においても，第3 指導計画の作成と内容の取扱い　2 (3) で，「探究的な学習の過程においては，コンピュータや情報通信ネットワークなどを適切かつ効果的に活用して，情報を収集・整理・発信するなどの学習活動が行われるよう工夫すること。その際，情報や情報手段を主体的に選択し活用できるよう配慮すること。」としている。

教科書に関しても，生徒1人1台の端末で活用できる学習者用デジタル教科書の導入が順次行われている。文部科学省が 2022 年に公開した「学習者用デジタル教科書の効果・影響等に関する実証研究事業」によると，小中学校における各教科でのデジタル教科書のメリットを以下のように示している。

国語

・自らの考えの形成と，根拠を明確にした表現が可能に
（容易に書き込みを削除することができるため，間違うことを恐れずに教科書に書き込む活動が促され，児童生徒が自らの考えを形成することに役立つ）
・色分けにより，登場人物の行動や気持ち，文章構造の把握が容易に
（ルールに基づいた色分けによって，文学的な文章では登場人物の行動や気持ちを把握しやすくなるほか，説明的な文章では文章構成が把握しやすくなる）
・他のICTツールと組み合わせて，互いの考えを比較する対話的な学びが可能に
（書き込みを行ったデジタル教科書を，そのまま相手に見せたり，大型提示装置等のICT機器と組み合わせたりすることで，互いの考えを比較する，対話的な学びが可能になる）

社会

・資料の拡大・比較により疑問点を引き出し，主体的な追究活動が可能に
（拡大機能を用いると，資料を細部まで確認することができるとともに，資料から読み取ることができる情報が多くなるため，児童生徒の驚きや興味・関心を喚起しやすく，社会的事象に関する気付きや疑問が生じやすくなる）
・気付いたり，考えたりしたことを資料に直接書き込めるため，思考，判断したことを表現する活動を円滑に行うことが可能に

（資料を読み取って気付いたことや他者と比較して生まれた考えを画面上に書き込めるので，思考，判断を止めずに自分の考えをすぐに表現することができる）

・比較が容易にできることで，さまざまな立場から多角的に考えたり，対話的に学んだりすることが可能に

（他者の考えとの比較が容易にできることで，さまざまな立場から多角的に考えたり，伝え合い議論したりする活動を増やすことができる）

算数・数学

・課題に集中して考察することが容易に

（画面を拡大したり，大事なところに書き込んだり削除したりすることを容易に行うことができるため，余計な情報を排除したり，着目したい内容に集中することができる）

・自分なりの考えを試したり吟味したりすることが可能に

（自分のスピードに合わせて考察を繰り返すことができる）

・他の ICT ツールと組み合わせて，互いの考えを比較する対話的な学びが容易に

（デジタル教科書に書き込んだ内容や，シミュレーション・スライド画面などを他の児童生徒に共有しながら自分の考えを説明することで，積極的な対話が活性化し，児童生徒の理解を深めていくことができる）

理科

・さまざまな動画や写真を活用し，興味・関心を高めたり，考察を深めたりすることを促進

（観察の難しい自然の事物・現象に関する動画・写真や，実験器具の使い方等を解説する動画などを活用することにより，興味・関心を高めた

り，深く考察することを助けたりすることができる）

・観察結果や実験結果を整理するツールを活用し，科学的に探究する学習活動を充実

（動画・写真と一緒に収録されているツールやワークシートと併せて活用する）

・他のICT機器等と組み合わせて，互いの考えを比較する対話的な学びを充実

（デジタル教科書画面を共有することができ，自分の考えを発表しやすくなることから，対話的な学び，協働的な学びが進む）

外国語

・個人のペースで学習を進めることができ，ネイティブ・スピーカー等が話す音声の確認，英語特有のリズム等の習得が容易に

（自分のペースで本文を繰り返し聞くことで，音声を止めたり，同じ箇所を繰り返し聞いたりすることにより，語と語の連結による音の変化や英語特有のリズム，イントネーションなどをまねて発音することができる）

・書き込みを通じて自分の考えなどを深めたり，児童生徒同士で考えなどを確認し合ったりする対話的な学びが可能に

（書き込み機能を用い，自分の考えや他者の考えなどを視覚化することで，容易に確認や比較ができるようになる）

・英語で話されていることを聞いて意味をわかろうとしたり，適切に表現しようとしたりする主体的な学習を促進

（他者との交流を繰り返す過程で，より適切に表現しようとしたり，より理解しようとしたりするなど，他者に配慮しながら，主体的に学習に取り組むようになることが期待できる）

2．情報通信技術の活用事例

では，中学校においてどのような情報通信技術の活用事例があるだろうか。

（1）知識・理解の補完

〈事例 1〉2 年・理科「生物の体と細胞」（生物分野）

生物の組織などの観察を行い，生物の体が細胞からできていること，および植物と動物の細胞のつくりの特徴を見いだす。動物細胞と植物細胞では異なる部分があるのだが，それはどうしてそのような違いがあるのか，資料を参考にしながら推論する学習では，教科書だけでは難しい。そこで Web 図鑑等を使って教科書には載っていないことも資料として読み，それらを踏まえて自分たちなりに予想を立てる。

写真 4－1　活動の様子

〈事例 2〉3 年・英語「I Have a Dream」

関係代名詞について学んだ後でキング牧師についての読み物を読み，キング牧師の“I Have a Dream”の演説やバスボイコット事件についての動画や関連する Web サイト，PDF などの資料を学習者のタブレッ

図４－１　生徒が調べた画面

ト端末に配信する。教科書の内容について，資料を参照することにより，さらに掘り下げて学び，理解を深めることができる。

（2）技能の習得

〈事例３〉１年・理科「光による現象」（物理分野）

凸レンズがつくる像の位置や大きさ・向きが，物体と凸レンズとの距離で決まることを見いだす。また，動画クリップを視聴しながら実験器具の操作を習得する。繰り返し再生できるので，班ごとに視聴させる。全体の様子を見ながら，必要な場合は教師が助言を与える。

写真４－２　活動の様子

〈事例４〉１年・英語「自己紹介をしよう」

無料のアプリを用いて発音練習を行う。さらに，カメラで自分の画像を撮影しながら練習する。発音した英単語や英文が自動的にテキスト化されるので学習者自身で発音のチェックができる。発音がうまく認識されなかった場合に，ビデオで口の形を見直しながら発音を修正することができる。教員もビデオを見ながら指導を行う。認識された発音が自動的にテキスト化されるので，簡単に発音チェックができる。

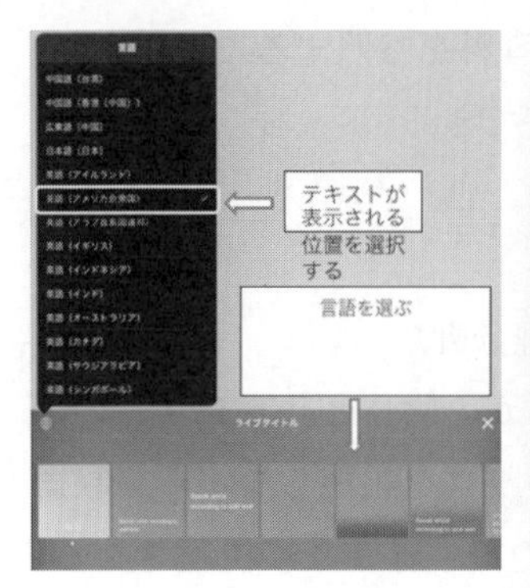

写真４－３　活動の様子

（３）思考力・判断力・表現力の育成

〈事例５〉１年・理科「地層のでき方」（地学分野）

寒天地層を使って地中の見えない部分の地層の重なりについて，限られたデータをもとに推測することができる。寒天ボーリングしたものを撮影し，その取り込んだ画像に補助線を入れることで離れた場所の地層のつながりを表現できる。端末なので，繰り返し撮影，書き込みや書き直しなどが容易にでき，納得する説明資料を作ることができる。また，学習支援アプリ上での操作なので，電子黒板に転送し，全体共有等も容易にできる。

写真４－４　活動の様子

〈事例6〉3年・英語「ディスカッションをしよう」

身近な問題である「スマートフォンの良い点・悪い点」について自分の考えをまとめ，オンライン英会話の先生に考えを伝える。アプリ（E-VOLVOX：スズキ教育ソフト）に自分の考えを階層化して整理し，自分の意見（その根拠や理由―事例など）のポイントを階層化して思考整理することにより論理立てて文章を組み立てたり，話したりすることができる。

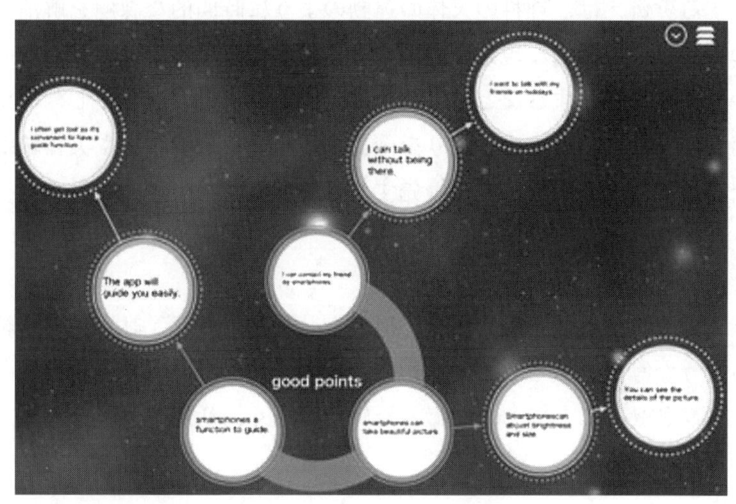

図4-2　活用したアプリ

実践情報および資料提供：
事例1，3，5：岩崎有朋氏（実践当時：岩美町立岩美中学校）
事例2，4，6：反田任氏（実践当時：同志社中学校）

3．情報通信技術の活用における留意点

中学校において，情報通信技術を活用する上で，どのような留意点があるだろうか。

①ICT と非 ICT の「選択」を吟味する

非 ICT ツールで活動することに意味があるならば，あえてそちらを優先する。例えば，理科の天体の運動のように時間的な課題を解消するものや，社会の微細な現象の動画のように学校の環境では難しいものをわかりやすく視聴するなどの場面では，ICT は有効だ。しかし，片栗粉と塩といった白色粉末の手触りを確認する場面など，実物や実体験が有効な場面ではリアルな感覚を優先すべきである。

②ただ撮るだけで終わらせない

端末のカメラ機能を使う場合，何度も試行錯誤させ，誰が見ても納得するような写真を撮るなど，撮影したものを使って説明する場面などをイメージさせることで，ただ撮るだけではなく，活用の意図を考えた上での撮影になる。

③学校全体で情報共有する

中学校は教科担任制の場合が多く，生徒１人１台の端末等，教科間でどのような ICT の活用をしているか，情報共有がしにくいことが考えられる。他教科で生徒がどの程度スキルを向上させているかを情報共有することは，どこまで活用できるかを検討する上で重要である。

5 高等学校における情報通信技術の活用

中川　一史

《目標＆ポイント》 学習指導要領に見る情報化社会への対応と情報化社会に対応する高等学校の取り組み，および高等学校での情報化社会に関する授業の実際やカリキュラムのあり方について紹介する。
《キーワード》 高等学校，情報化社会，授業，カリキュラム

1．高等学校学習指導要領における情報通信技術の活用

2022年実施の高等学校学習指導要領では，情報通信技術の活用について，各教科で触れられている。

例えば，第1章 総則　第3款 教育課程の実施と学習評価　1 主体的・対話的で深い学びの実現に向けた授業改善では，「(3) 第2款の2の(1)に示す情報活用能力の育成を図るため，各学校において，コンピュータや情報通信ネットワークなどの情報手段を活用するために必要な環境を整え，これらを適切に活用した学習活動の充実を図ること。また，各種の統計資料や新聞，視聴覚教材や教育機器などの教材・教具の適切な活用を図ること。」と，環境整備にも言及している。

各教科では，例えば，第2章 各学科に共通する各教科　第1節 国語　第3款 各科目にわたる指導計画の作成と内容の取扱い　2 では，「(3) 生徒がコンピュータや情報通信ネットワークを積極的に活用する機会を設けるなどして，指導の効果を高めるよう工夫すること。」としている。また，第2節 地理歴史　第3款 各科目にわたる指導計画の作成と内容

の取扱い　2 では，「(4) 情報の収集，処理や発表などに当たっては，学校図書館や地域の公共施設などを活用するとともに，コンピュータや情報通信ネットワークなどの情報手段を積極的に活用し，指導に生かすことで，生徒が主体的に学習に取り組めるようにすること。その際，課題の追究や解決の見通しをもって生徒が主体的に情報手段を活用できるようにするとともに，情報モラルの指導にも留意すること。」としている。

第4節 数学　第1 数学Ⅰ　2 内容　(3) 二次関数 では，「イ 次のような思考力，判断力，表現力等を身に付けること。」として，「(ア) 二次関数の式とグラフとの関係について，コンピュータなどの情報機器を用いてグラフをかくなどして多面的に考察すること。」としている。また，(4) データの分析 では，「(イ) コンピュータなどの情報機器を用いるなどして，データを表やグラフに整理したり，分散や標準偏差などの基本的な統計量を求めたりすること。」としている。第3 数学Ⅲ　2 内容　(1) 極限　イ では，「(ウ) 数列や関数の値の極限に着目し，事象を数学的に捉え，コンピュータなどの情報機器を用いて極限を調べるなどして，問題を解決したり，解決の過程を振り返って事象の数学的な特徴や他の事象との関係を考察したりすること。」としている。

また，第8節 外国語　第3款 英語に関する各科目にわたる指導計画の作成と内容の取扱い　2 では，「(8) 生徒が身に付けるべき資質・能力や生徒の実態，教材の内容などに応じて，視聴覚教材やコンピュータ，情報通信ネットワーク，教育機器などを有効活用し，生徒の興味・関心をより高めるとともに，英語による情報の発信に慣れさせるために，キーボードを使って英文を入力するなどの活動を効果的に取り入れることにより，指導の効率化や言語活動の更なる充実を図るようにすること。」としている。

「情報」では，内容そのものが情報通信技術に関することになる。例えば，第10節 情報　第2款 各科目　第1 情報Ⅰ　1 目標 では，以下のように示されている。

> 情報に関する科学的な見方・考え方を働かせ，情報技術を活用して問題の発見・解決を行う学習活動を通して，問題の発見・解決に向けて情報と情報技術を適切かつ効果的に活用し，情報社会に主体的に参画するための資質・能力を次のとおり育成することを目指す。
> (1) 効果的なコミュニケーションの実現，コンピュータやデータの活用について理解を深め技能を習得するとともに，情報社会と人との関わりについて理解を深めるようにする。
> (2) 様々な事象を情報とその結び付きとして捉え，問題の発見・解決に向けて情報と情報技術を適切かつ効果的に活用する力を養う。
> (3) 情報と情報技術を適切に活用するとともに，情報社会に主体的に参画する態度を養う。

内容としては，例えば，(3) コンピュータとプログラミング では，以下のように示されている。

> コンピュータで情報が処理される仕組みに着目し，プログラミングやシミュレーションによって問題を発見・解決する活動を通して，次の事項を身に付けることができるよう指導する。
>
> ア　次のような知識及び技能を身に付けること。
> (ア) コンピュータや外部装置の仕組みや特徴，コンピュータでの情報の内部表現と計算に関する限界について理解すること。

（イ）アルゴリズムを表現する手段，プログラミングによってコンピュータや情報通信ネットワークを活用する方法について理解し技能を身に付けること。
（ウ）社会や自然などにおける事象をモデル化する方法，シミュレーションを通してモデルを評価し改善する方法について理解すること。

イ　次のような思考力，判断力，表現力等を身に付けること。
（ア）コンピュータで扱われる情報の特徴とコンピュータの能力との関係について考察すること。
（イ）目的に応じたアルゴリズムを考え適切な方法で表現し，プログラミングによりコンピュータや情報通信ネットワークを活用するとともに，その過程を評価し改善すること。
（ウ）目的に応じたモデル化やシミュレーションを適切に行うとともに，その結果を踏まえて問題の適切な解決方法を考えること。

2．情報通信技術の活用事例

では，高等学校においてどのような情報通信技術の活用事例があるだろうか。

（1）知識・理解の補完

〈事例１〉高１・国語総合「徒然草　仁和寺にある法師」

古文を読んで，そこから読み取った情報を可視化し，的確に内容を読み取れているかを確認するために，地図に法師が歩いた道順と歩くべきであった道順を記入した。地図を使用することによって，古文であるが，生徒は抵抗感なく取り組むことができ，ただ現代語訳をするだけよりも興味を持って取り組むことができた。このように道順を地図に書き込むことで，グループの全員がイメージを共有することができ，話し合いに積極的に取り組むことができるようになった。

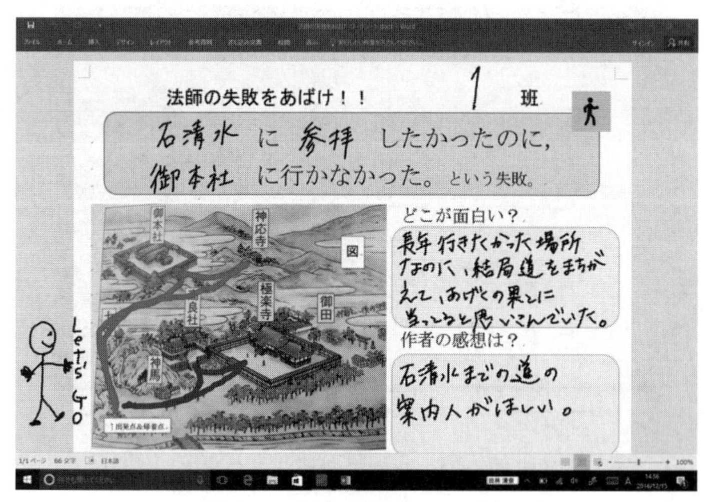

図５－１　生徒の書き込みの様子

〈事例２〉高１・外国語「コミュニケーション英語Ⅰ」

英語の授業において，教科書の指導で授業時間をほぼ費やしてしまうことが多く，生徒の活動の時間がなかなか確保できないという現状があった。教科担任は，学習内容に関連する文章を，生徒が自分で考える学習活動が重要と考えていたが，授業時間にはその時間が確保できなかった。そこで，課題を配信し，生徒は動画教材を家庭から視聴して課題に取り組む家庭学習を行うことにした。

教材を準備する教員，視聴と課題作成を行う生徒の双方にとって，負担が大きいと継続につながらないため，教材は週末ごとの配信とし，生徒は土日の間に課題に取り組み，月曜日に提出する，という形式にした。

教材の作成についても，事前準備を不要にし，紙に手書きで文章を書きながらスマホでそのまま撮影する方法をとった。

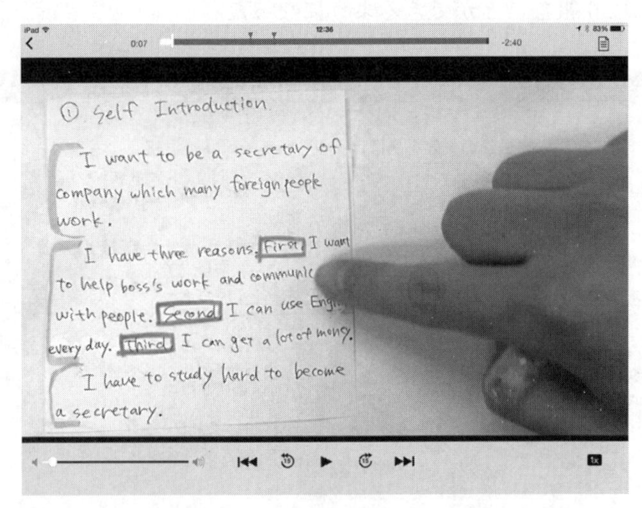

写真５－１　生徒の書き込みの様子

（２）技能の習得

〈事例３〉高２・家庭科「家庭基礎」

家庭科の実習において，事前に生徒に動画を視聴させることで，実習で行う作業内容を明確にする。動画はクラウドストレージに教科ごとに共有フォルダを作成し，生徒が学校でも自宅からでも視聴できるようにしておく。

実習中，この事前学習動画を見ている生徒は，効率的に作業を行うことができ，動画を視聴していない生徒群にくらべ，作業が中断してしまうことが少なく，実習時間は大幅に削減され，さらに提出された作品の評価もとても高くなった。

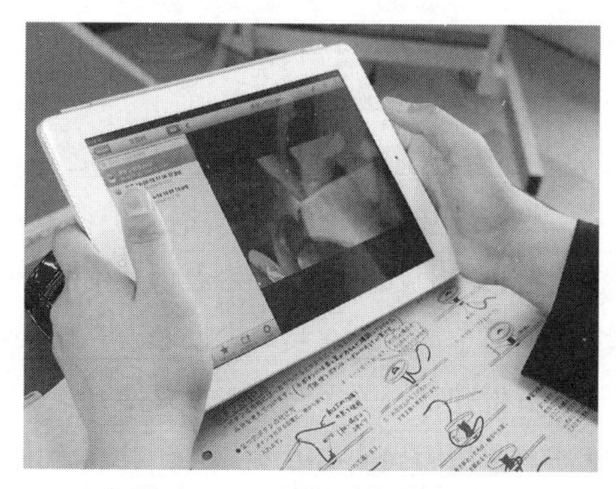

写真5-2　生徒の活動の様子

〈事例4〉高3・情報科（専門教科）「ネットワークシステム」

教員が教材として事前に動画を作成しておくだけでなく，細かい作業の場面を拡大しながらテレビ等に投影して中継するのも効果がある。教卓にクリップスタンドでスマホを固定し，カメラアプリで手元を映す。その映像は転送装置が接続されたテレビに無線で中継される。さらに中継しながら撮影も同時に行うことで，欠席していた生徒が参照でき，また，再度見たいという生徒の要望にも応えることができた。

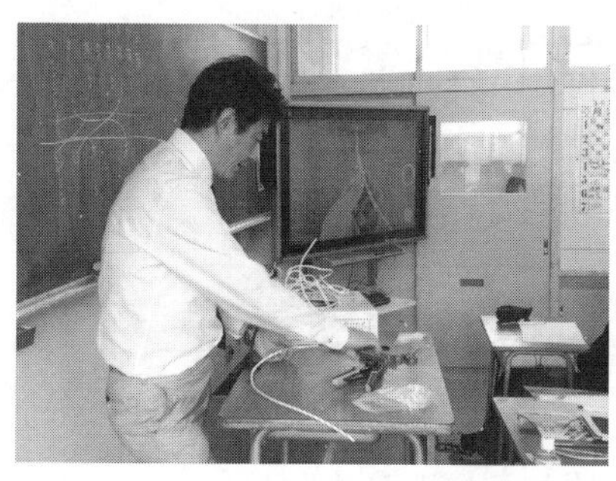

写真5-3　授業の様子

（３）思考力・判断力・表現力の育成

〈事例５〉高２・現代文Ｂ「デューク」

「デューク」という小説を読んで，感想文を書くという目標を掲げた。その前段階として，情報を整理するために本文からキーワードを拾い，マッピング機能を利用してそれをつなげるという活動を行った。ただ感想文を書くだけでは，何を書いたら良いのかわからなかったり，話題が逸れてしまったりする生徒がいる。しかし，マッピングを利用することで，必要なキーワードを拾い出すことができ，物語の内容に沿った感想を書きやすくなった。キーワードを並べ，整理することで，どこを中心として感想文を書くのかを考えることができ，それぞれの生徒の個性が出る感想文となった。また，友人のマップを共有することによって，自分で拾うことができなかったキーワードや単語同士のつながりに気付くことができた。そのことによって，より思考を深め，構成を考えながら感想文を書くことができた。

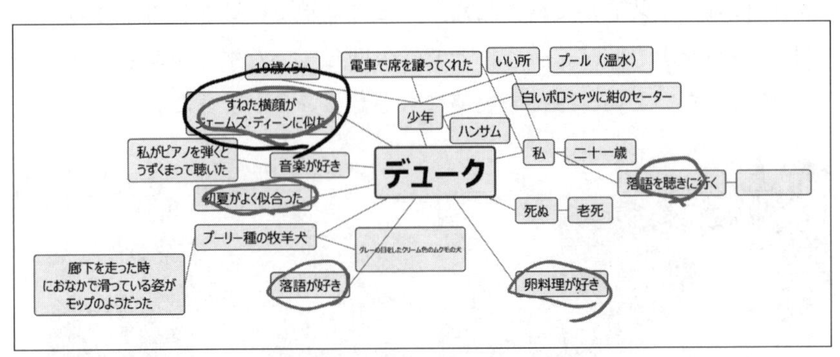

図５－２　生徒の書き込みの様子

〈事例６〉高３・国語表現「ブレーンストーミング」

「購買の売り上げを伸ばすにはどうしたらよいか。」について考え，各自の端末にアイデアをカードにしてなるべく多く出す。その後，グループとなり，端末４台を画面合体させ，話し合いをしながらアイデアを縦軸（集客力），横軸（コスト）に従って分類する。その上でグループとして最も良いと考えるアイデアを１つ決め，ブレーンストーミングを行った画面を電子黒板に拡大提示し，全体で発表する。生徒の振り返りを分析すると，端末上で情報を動かすことで，紙上よりも動かしやすく，情報が見やすくなるため，情報を整理する活動に役立つと考えられる。

写真５－４　活動の様子

実践情報および資料提供：
事例２，３，４：永野直氏（実践当時：千葉県立袖ケ浦高等学校）
事例１，５，６：青塚明香氏（実践当時：茨城県立大洗高等学校）

3．情報通信技術の活用における留意点

高等学校において，情報通信技術を活用する上で，どのような留意点があるだろうか。

①思考の可視化を促すツールとしての活用を検討する

一斉指導場面で考えを深めているときには，論点整理はとても重要だ。その整理をするツールになるのが，例えば黒板だ。板書により，生徒の考えが整理され，されに議論が活発になる例は少なくない。つまり，思考の可視化がうまくできている，ということだ。思考の可視化とは，頭の中にある思いや考えを視覚的に表すことをいう。問題は，そこで情報を共有し，そこに書かれた（描かれた）ものを基にお互いに考えを深めることができるかどうかにある。情報共有の場で活用できるツールはICT だけではない。

しかし，大型提示装置や端末などの学習用コンピュータがからむと，動的なツールとなる。例えば，ある箇所を拡大したり，動かしたり，写真の上に書き込んだり，消したりしやすくすることができる。また，共有ができることで，履歴を確認して活用したり，考えを比較したりするなども自在にできる。

②コンテンツベースからコンピテンシーベースへ

学習の基盤となる資質・能力である「言語能力」「情報活用能力」そして「問題発見・解決能力」を教科横断的に生徒が身につけていくことは，喫緊の課題である。そしてこのような能力育成に着目すると，自ずと，端末環境を活用していく羽目になる。全校体制で，進めていきたい。

③まずは同僚教員に使うことをすすめる

ICT 機器はあくまでも道具である。しかし,「ここでなぜ使った？」「意味はあるの？」と，ようやく重い腰を上げて使い始めたタイミングで何度も詰問されていくと，苦手意識を持っている教員は萎縮して使わなくなってしまうかもしれない。道具は，はじめから軽やかに適切に使えるものではないことは誰しも経験していることであろう。学習効果をとりたてるばかりではなく，どんどん使ってもらうべく雰囲気づくりをするのも重要だ。生徒は端末はじめ情報機器を難なく使いこなしている。校内での研修等を通し，共通理解を深めていきたい。

6　特別支援学校における情報通信技術の活用

中川　一史

《目標＆ポイント》　学習指導要領に見る情報化社会への対応と情報化社会に対応する特別支援学校の取り組み，および特別支援教育での情報化社会に関する授業の実際やカリキュラムのあり方について紹介する。
《キーワード》　特別支援学校，情報化社会，授業，カリキュラム

1．特別支援学校学習指導要領における情報通信技術の活用

2018年告示の特別支援学校教育要領・学習指導要領解説総則編（幼稚部・小学部・中学部）　第3編　小学部・中学部学習指導要領解説　第2章　教育課程の編成及び実施　第3節　教育課程の編成　3　教育課程の編成における共通的事項　(3)　指導計画の作成等に当たっての配慮事イ　個別の指導計画の作成　（イ）指導方法や指導体制の工夫によると，「(略)　コンピュータ等の情報手段は適切に活用することにより個に応じた指導の充実にも有効であることから，今回の改訂において，指導方法や指導体制の工夫改善により個に応じた指導の充実を図る際に，第1章総則第4節の1の(3)に示す情報手段や教材・教具の活用を図ることとしている。情報手段の活用の仕方は様々であるが，例えば大型提示装置で教師が教材等をわかりやすく示すことは，児童生徒の興味・関心を喚起したり，課題をつかませたりする上で有効である。さらに，学習者用コンピュータによってデジタル教科書やデジタル教材等を活用すること

により個に応じた指導を更に充実していくことが可能である。その際，学習内容の習熟の程度に応じて難易度の異なる課題に個別に取り組ませるといった指導のみならず，例えば，観察・実験を記録した映像や実技の模範を示す映像，外国語の音声等を，児童生徒が納得を得るまで必要な箇所を選んで繰り返し視聴したり，分かったことや考えたことをワープロソフトやプレゼンテーションソフトを用いてまとめたり，さらにそれらをグループで話し合い整理したりするといった多様な学習活動を展開することが期待される。

なお，コンピュータや大型提示装置等で用いるデジタル教材は教師間での共有が容易であり，教材作成の効率化を図ることができるとともに，教師一人一人の得意分野を生かして教材を作成し共有して，さらにその教材を用いた指導についても教師間で話し合い共有することにより，学校全体の指導の充実を図ることもできることから，こうした取組を積極的に進めることが期待される。(略)」としている。

デジタル教科書に関しては，文部科学省から2018年に公開された「学習者用デジタル教科書の効果的な活用の在り方等に関するガイドライン」において，「特別な配慮を必要とする児童生徒等の学習上の困難の低減」で「教科書の内容へのアクセスを容易にする」例として，以下の項目をあげている。

①学習者用デジタル教科書を学習者用コンピュータで使用することにより，文字の拡大，色やフォントの変更等により画面が見やすくなることで，一人一人の状況に応じて，教科書の内容を理解しやすくする。
②学習者用デジタル教科書を学習者用コンピュータで使用することにより，音声読み上げ機能等を活用することで，教科書の内容を認識・理解しやすくする。

③学習者用デジタル教科書を学習者用コンピュータで使用することにより，漢字にルビを振ることで，漢字が読めないことによるつまずきを避け，児童生徒の学習意欲を支える。
④学習者用デジタル教科書を学習者用コンピュータで使用することにより，教科書の紙面をそのまま拡大させたり，ページ番号の入力等により目的のページを容易に表示させたりすることで，教科書のどのページを見るか児童生徒が混乱しないようにする。
⑤学習者用デジタル教科書を学習者用コンピュータで使用することにより，文字の拡大やページ送り，書き込み等を児童生徒が自ら容易に行う。

また，特別支援学校教育要領・学習指導要領解説自立活動編（幼稚部・小学部・中学部） 第6章 自立活動の内容 2 心理的な安定 (3) 障害による学習上又は生活上の困難を改善・克服する意欲に関すること ③ 他の項目との関連例 では，「(略) LDのある児童生徒の場合，文章を読んで学習する時間が増えるにつれ，理解が難しくなり，学習に対する意欲を失い，やがては生活全体に対しても消極的になってしまうことがある。このようなことになる原因としては，漢字の読みが覚えられない，覚えてもすぐに思い出すことができないなどにより，長文の読解が著しく困難になること，また，読書を嫌うために理解できる語彙が増えていかないことも考えられる。こうした場合には，振り仮名を振る，拡大コピーをするなどによって自分が読み易くなることを知ることや，コンピュータによる読み上げや電子書籍を利用するなどの代替手段を使うことなどによって読み取りやすくなることを知ることについて学習することが大切である。(略)」としている。

端末等の学習用コンピュータを活用することが，学習上の困難を乗り越え，意欲的に活動することができることに寄与している例である。

2．情報通信技術の活用事例

では，特別支援学校においてどのような情報通信技術の活用事例があるだろうか。

（1）知識・理解の補完

〈事例 1〉小学部 6 年・社会「校外学習」【遠隔教育】

特別支援学校（病弱）で入院している児童・生徒は生活制限を受けている。校外学習に出ている児童と外出できない児童をつなぎ，体験的な学びを実現するため Web 会議システムでつないだ授業。事前に遺跡の 360 度映像を複数枚用意し，「見たいところ」や「調べたいところ」を探索してシートにまとめた。

校外学習当日遺跡を訪れた児童は，遺跡を見ながら気づいたことなどを伝え，それに対して質問するなどリアルタイムに映像を通してやりとりしながら観察した。Web 会議システムを利用して対話的な学び合いが行われ，新たな気づきや学びの深まりにつながった。写真 6 - 1 は，病室で画面越しにやり取りしている様子である。

他の知識・理解の補完の例としては，国立大学法人兵庫教育大学(2013)「発達障害のある子供たちのための ICT 活用ハンドブック　特別支援学級編」（以下「ハンドブック」）で，事前情報の提供（図 6 - 1），

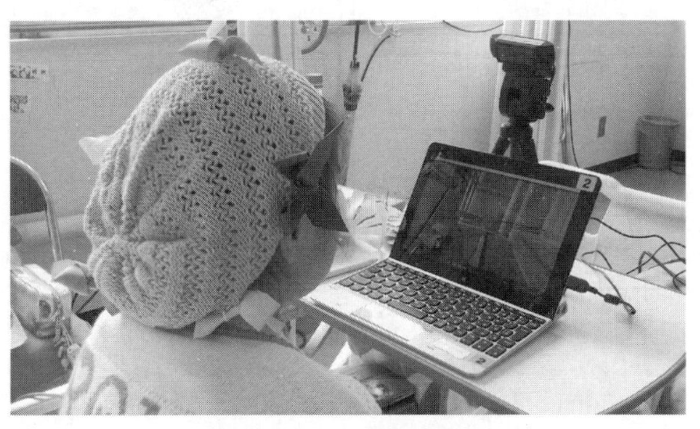

写真 6 - 1　活動の様子

辞書アプリの活用（図6‐2），個々の漢字練習の支援（図6‐3）の例が紹介されている。

子供の気持ち　「知らない場所に行きたくないよ…」

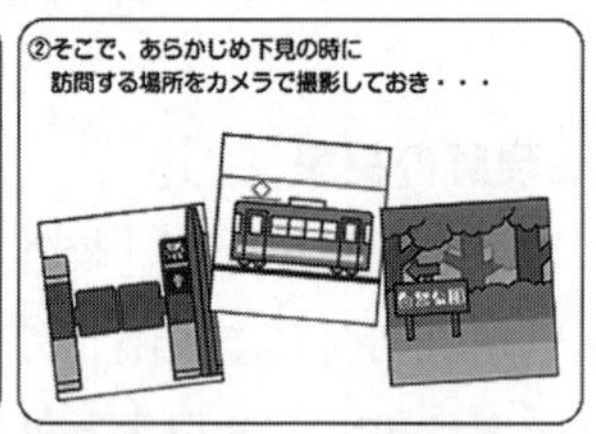

図6－1　事前情報の提供

子供の気持ち　「辞書を使うのが難しいんだよ…」

図6－2　辞書アプリの活用

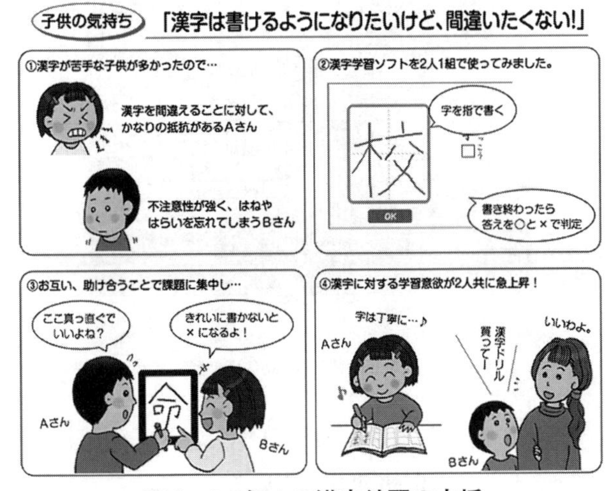

図6－3　個々の漢字練習の支援

(2) 技能の習得

〈事例2〉中学部1年・自立活動「顔を洗うにチャレンジ！」

特別支援学校（知的）の中学部1年生6名を対象に，日常的な生活動作の課題を解決するための学習を展開した。このグループは日常生活の中で，1人で「洗顔」をすることに課題があることが確認された。そこで最初は教師が行う洗顔の様子を模倣することから学習を始めた。その様子をタブレット端末で動画撮影し，自分たちの洗顔の様子を振り返ることで課題把握できるよう努めた。

その課題に取り組む中で，さらにNHK for School「ストレッチマンゴールド」（第5回　きれいに顔をあらおう）をタブレット端末で視聴しながら，1人ひとりの洗顔の動きを確認した。また，番組内と同じ教材を用いて，実際に洗顔の動きを確認し，技能の習得を目指した。

写真６－２　活動の様子

　他の技能の習得の例としては，前述の「ハンドブック」で，話す練習での活用（図６‐４）の例が紹介されている。

子供の気持ち　「なんで、僕の言うこと分かってくれないの?」

図６－４　話す練習での活用

（３）思考力・判断力・表現力の育成

〈事例３〉中学部２年・自立活動「どちらが本物のストレッチだ!?」

特別支援学校（知的）の中学部２年生８名を２グループに分けて，どちらのグループがより正確にストレッチ運動に取り組めるかを競う形で学習を展開した。ストレッチ運動の手本として，NHK for School「ストレッチマン V」におけるストレッチ運動を用いた。タブレット端末を用いて，各グループで「ストレッチマン V」のストレッチ運動部分を視聴しながらストレッチ運動に取り組んだ。

その取り組みの様子をグループの友だちがタブレットで動画に記録し，教師が設定した評価規準に基づいて相互評価を行った。評価規準をもとに自分たちで映像を見ながら運動を評価する判断力の育成をねらった。また，動画から運動を評価する話し合い活動の中で出てきた具体的な改善点を出すことで，判断力の育成をねらった。

写真６－３　活動の様子

　他の思考力・判断力・表現力の育成の例としては，前述の「ハンドブック」で，自己表現のツールとしての活用（図６‐５），考えを整理するアプリの活用（図６‐６）の例が紹介されている。

図６－５　自己表現のツールとしての活用

図 6 - 6　考えを整理するアプリの活用

実践情報および資料提供：
事例 1：星野進氏（実践当時：横浜南養護学校）
事例 2，3：郡司竜平氏（実践当時：北海道札幌養護学校）

3．情報通信技術の活用における留意点

特別支援学校において，情報通信技術を活用する上では，直接的な体験を重視することに留意する必要がある。

特別支援学校教育要領・学習指導要領解説総則編　第 6 節 指導計画の作成と幼児理解に基づいた評価　3　指導計画の作成上の留意事項 (6) 情報機器の活用では，学習指導要領本文の「(6) 幼児期は直接的な体験が重要であることを踏まえ，視聴覚教材やコンピュータなど情報機器を活用する際には，幼稚部における生活では得難い体験を補完するなど，幼児の体験との関連を考慮すること。」を受け，以下のように示している。

> （略）幼児期の教育においては，生活を通して幼児が周囲に存在するあらゆる環境からの刺激を受け止め，自分から興味をもって環境に関わることによって様々な活動を展開し，充実感や満足感を味わうという直接的な体験が重要である。
>
> そのため，視聴覚教材や，テレビ，コンピュータなどの情報機器を有効に活用するには，その特性や使用方法等を考慮した上で，幼児の直接的な体験を生かすための工夫をしながら，障害の状態や特性及び発達の程度等に応じて活用していくようにすることが大切である。
>
> 幼児が一見，興味をもっている様子だからといって安易に情報機器を使用することなく，幼児の直接的な体験との関連を教師は常に念頭に置くことが重要である。その際，教師は幼児の更なる意欲的な活動の展開につながるか，幼児の障害の状態や特性及び発達の程度等に即しているかどうか，幼児にとって豊かな生活体験として位置付けられるかといった点などを考慮し，情報機器を使用する目的や必要性を自覚しながら，活用していくことが必要である。（略）

幼児期に限らず，児童生徒個々の実態に応じ，子どもたちの可能性を広げるために，適切なICT環境と関わるよう配慮することが重要である。

参考文献

国立大学法人兵庫教育大学（2013）「発達障害のある子供たちのためのICT活用ハンドブック　特別支援学級編」ICTの活用による学習に困難を抱える子供たちに対応した指導の充実に関する調査研究，文部科学省
https://www.mext.go.jp/a_menu/shotou/zyouhou/detail/__icsFiles/afieldfile/2018/08/09/tokushi_hougo.pdf（2023.02.13取得）

7 大学教育の変貌とICT活用

苑　復傑

《**目標&ポイント**》 情報通信技術（ICT）は大学教育にきわめて密接な関係を持っている。1つはICTが既存の「大学」の授業をより効果的なものにする。これはICTの補完機能に相当するものと言えよう。本章において議論するのは主にこの側面であるが，もう1つは授業の一部をオンラインによって配信するというICTの代替機能にも触れる。さらにもう1つの，従来型の大学組織を超えて高等教育機会を社会に広げる，いわばICTの代替・開放機能については，次（第8章）で議論する。この章では，現代の大学教育の課題とその改革の方向を整理したうえで（第1節），大学教育の変貌におけるICT活用の実態（第2節），そして特に従来型の授業に代えて，オンラインで大学が配信する教育課程・大学の事例を紹介し，またコロナ禍においてオンライン授業の導入が示したことを検討する（第3節）。さらにICTが大学教育のあり方そのものに持つ意味を考える（第4節）。
《**キーワード**》 大学教育改革，情報通信技術（ICT），授業改革，学習管理システム（LMS），オンライン授業

1．大学教育の課題

大学は小中高等学校とはさまざまな意味で異なる。大学は長い歴史を持ち，小中高等学校などのように教科に整理されたカリキュラムがあるわけでもなく，きわめて多様な知識を対象とする。そこでまず大学教育は何かについて考えておこう。

（１）大学教育とは何か

大学は 12 世紀，中世ヨーロッパに始まったものであり，具体的には，教師が教室で学生に講義をするところから始まった（図７‐１）。その出発点において大学の基本は，教師と学生とが１つの場所で対面すること，すなわち「講義」という対面授業にあったのであり，それは今日に至るまで変わっていない。

図７－１　ボローニャ大学の授業風景（14 世紀）

出典：https：//commons.wikimedia.org/w/index.php?curid=160060
The Yorck Project（2002）10.000 Meisterwerke der Malerei（DVD-ROM）, distributed by DIRECTMEDIA Publishing GmbH, public domain（2023．04．08 確認）

中世には書物は，羊皮紙に筆写することによって作られていた。したがって書物は貴重品であり，学生の学習は基本的には教師の講義を学生が筆記することによって成り立っていたのである。その後，15 世紀に印刷術が発明されたが，印刷物すなわち書物はまだきわめて価格の高いものであった。19 世紀初めは，書物が大量に印刷され，その価格が下がって，入手しやすい時代でもあった。言い換えれば，学生の誰もが授業に関する内容の書物を自分で持っていることが可能であり，それを前提とするなら，一定の内容をただ講義するだけでは，大学教育の意味はなくなっていたともいえる。そこから，未知のものへの探求という研究の理念と大学教育とが結びついたのである。そして今，ICT は，数百年の歴史を持つ大学教育の歴史に新しい時期を画しているように見える。

（2）大学教育改革の現代的課題

ところで ICT 利用の意義を考える際には，現代の大学がどのような問題に直面しているかを考えることが重要である。国際的に大学教育は社会や経済の発展にとってクリティカルな問題となりつつある。それは大学教育の改善が 3 つの大きなトレンドから発しているからである。

第 1 に，デジタル技術の進展，情報化社会の発展，経済のグローバル化によって，高度の知識・技能を持つ人材が不可欠となる。そのためには大学教育の質の高度化が必須の課題となる。それはより高い質の大学教育が必要とされることを意味する。それだけではない。ここ 20 年間，従来，先進国で大きな役割を果たしてきた製造業は中国，ベトナム，インドなどの新興途上国に移転した。そのため高卒者の職業機会は急速に減少せざるを得なかった。結果として，これまで高卒で就職していた多くの若者は大学に進学せざるを得なくなる。そのような人たちを含めて効果のある大学教育が必要となるのである。

第 2 に，その結果として大学教育への就学率は大きく拡大してきた。日本の 4 年制大学への就学率は 2009 年に 50% を超えた。若者の半数以上が4年制の大学へ，そして短大，専門学校への進学者数を入れれば，8割近くが，高等教育を受けているのである。こうした大学教育の大衆化，ユニバーサル化は，社会が多くの資源を高等教育に向けなければならないことを示している。しかし，経済成長の鈍化，人口の高齢化などを背景として，社会が高等教育に向ける資源には厳しい制約がある。高等教育は良質の教育を，しかも限られた資源で実現しなければならない。こうした意味で，大学教育には広い意味での効率性を達成することが求められている。

第3に，大学就学率の拡大によってこれまで大学教育を受けなかった資質の学生が大学に入学するようになった。同時に，社会の多様化，流動化，不確実性によって，若者は将来への明確な見通しを持ちにくくなった。それは学生にとっての大学教育の位置づけが曖昧になっていることを意味する。これまで漠然と想定されていた，将来への見通しをもって，そのために大学教育を選択するという大学生像は，これまでも現実のものではなかったし，現在はさらに現実から遠ざかっている。現実の大学生像を前提として，学生に対して意味のある，大学教育を行うことが求められている。

以上のような意味でいま，大学教育の高度化，効率化，実質化，質の保障が求められている。ではそのためには何が必要だろうか。最も基本的なことは大学における授業の改革である。

（3）情報通信技術（ICT）の可能性

前述のように大学は800年以上におよぶ長い歴史をもち，その基軸をなすものは教師と学生が直接に接する対面型の授業であった。しかし印刷物の普及が近代大学をもたらしたように，最近の情報通信技術（ICT）の進展は授業のあり方を大きく変えて，大学教育をさらに豊かなものとし，また効率的・効果的なものとしていく可能性を持っている。

その第1の方向は，従来から大学の教室で行われてきた教師の講義と黒板を用いた対面型の授業の効果を高めるために，ICT を用いる，というものである。対面授業を補完するという意味で，これを ICT の「補完機能」と呼ぶことができる。

次に第2の方向は，ICT はこうした組織や時間，場所による制約を越えて，教育を行う可能性を作る。すなわち，従来の大学の物理的，人的な組織を用いずに，ICT によって，いわばバーチャル（仮想的）な大学を作ることが可能となるのである。これは対面授業を代替する役割を果たす，という意味で，これを ICT の「代替機能」と呼ぶことができよう。

さらに第3の方向は，以上の議論は一応，大学という組織・制度を前提としていた。これに対して，もはやそうした組織・制度にこだわらずに，ICT を利用して，大学で生成された高度の情報や知識を，不特定多数の人々に提供することも技術的には可能となる。これはいわば ICT による大学からの高度な知識・情報の「開放機能」と呼ぶことができよう。

これら3つの機能は，ICT が大学教育の現代社会における役割を大きく拡大し，革新していく可能性を示している。しかし同時にそれは，これまで考えられてきた大学のあり方やその機能に混乱をもたらす可能性をも持っている。例えば ICT を用いた大学の授業は，人によっては大きな意味を持つとしても，その効果を試験などの手段で直接に試すことは難しい。また遠隔手段を用いた大学教育は，安価に提供することもできるから，そこから利益を得ることを狙う動きもでてくる。もし質が保証されないままに，商業化が進むようなことがあれば，それは従来の大学をも含めて高等教育全体に大きな問題が生じることになるだろう。

2. 大学教育の変貌とICT活用

具体的に大学へのICTの導入は，主に3つの面でなされていると言える。すなわち，第1は授業をより効果的にするための誘導・サポート，第2は教育課程の管理・システム化，そして第3は授業・学習成果のモニタリングである。

(1) 授業のツール

大学教育の基本をなす「授業」は，伝統的に黒板と教師の講義から成り立ってきた。しかしそうした方法による授業は一般に抽象的であり，具体的なイメージに欠けている。そうした形態の授業によって，現代の学生に興味を抱かせることは難しくなっている。

ICTの第1の役割はそうした伝統的な授業をICTで補完し，よりわかりやすく，効果的に，豊かにすることにある。これはICTの補完機能と言える。

大学の授業にICTの導入が進んでいるのは，授業内容の理解に対する誘導・サポートの手段としての，パワーポイントなどのアプリケーションを用いた静止画像（スライド）の提示，ウェブからの映像（ストリーミングビデオなど）による教材の提示（プレゼンテーション）に関わるものである。こうした教材は，学生の理解を促進するとともに，特に具体的な内容をビジュアルに見せることによって，より強いインパクトを与えることができる。そうした意味で，抽象的になりがちな講義の補完物として不可欠なものとなりつつある。

大学ICT推進協議会「高等教育機関におけるICT利活用に関する調査研究」の結果報告（2020）によると，パワーポイントは日本の大学の授業全体の96.7%で使われており，次いで「Web上の教材・ビデオ」

は69.9%,「LMS」という学習管理システムは65.5%で用いられている（図7-2)。

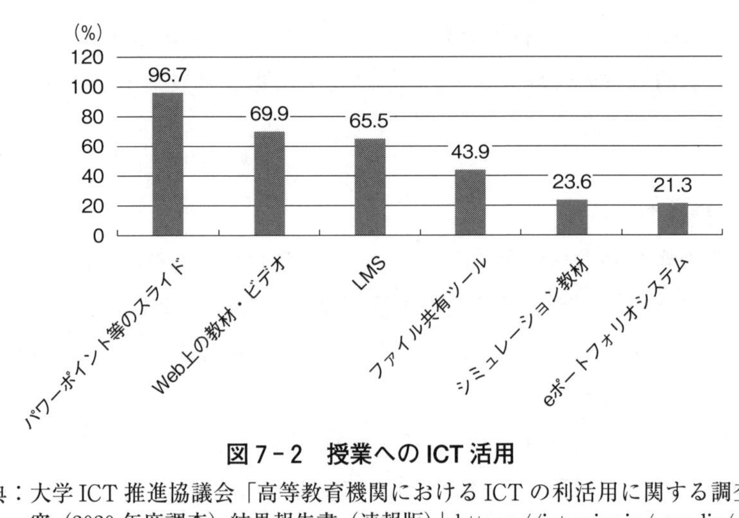

図7-2　授業へのICT活用

出典：大学ICT推進協議会「高等教育機関におけるICTの利活用に関する調査研究（2020年度調査）結果報告書（速報版）」https://ict.axies.jp/_media/sites/11/2022/08/2020_axies_ict_survey_summary_v1.pdf p.25，表3.2-3より作成。

2019年までは，教室での黒板と教師の話だけによる対面授業が主な形態であったが，2020年のコロナ禍の来襲によって，大学におけるICTの利用が，いわば強制的に一気に進んだ。大学キャンパスの封鎖，社会的に三密を回避する行動制限の中で，否応なしにオンラインによる遠隔授業は，すべての高等教育機関で実施された。学習管理システム(LMS)の導入については，国立大学98.0%，私立大学84.7%，公立大学は73.2%に達している。遠隔授業用のビデオ会議システムの導入はZOOMやWebex，Google Meet，Microsoft Teamsなど多様であるが，国立大学は100.0%，公立大学は92.1%，私立大学は87.4%となっていた。

LMSの利用による授業サポートの機能は多くの大学で活用されるようになった。ICTの利用普及は一種の強制が効いているともいえる。

コロナ禍が蔓延した3年間で，ICTは学生の授業参加に大きな役割を果たした。大学教育改革の1つの焦点は従来型の一方的な「講義」による知識注入ではなく，学生が主体的に学習を行うことであることは言うまでもない。それには学生の授業内容への誘導，学習過程の管理だけでなく，学生が積極的に参加する授業形態が必要である。

オンライン授業を配信し，課題を学生に課して，学生の参加を求める。さらにライン（LINE）やウィーチャット（WeChat）などのソーシャルネットワークの機能を用いて，学生同士の討論を進めることも考えられていた。学生に課された課題が多くて，大変負担が重かったことはいくつかの調査で報告されたが，ICTの活用によって，大学教育自体は停止せず，授業が続けられた。

現代の学生は社会的な経験が少なく，それが学習への意欲や視野に限界を与えていることも指摘されている。会えない学生同士にとって，ICTは，こうした意味でナマの経験を経ずに知識を得ることを可能とする。と同時にバーチャルなウェブやソーシャル・ネットワーク・サービスを用いて，現実の経験をする契機をつかむことも可能である。さらにこうしたツールを使って学生同士で経験を共有することにも意味がある。

（2）教育課程のシステム化

第2のICT利用の方向は，授業の体系化，標準化，そして学習過程の統制にあたる。

日本において授業は教師の専門分野に偏り，授業全体としての体系化あるいは標準化が十分に行われてこなかった。これが一定の専門分野での基礎的な知識・技能の修得に問題を生じさせていたことは否定できない（金子 2013）。

ICT を利用する教材を，個人の力だけで作成するのには極めて多くの時間を要する。ある程度以上の完成度のあるものを作成するためには，授業が体系化，標準化されていることと，教師間の協力が不可欠である。また学外で作成された教材を使うことも，基礎的な科目における標準化を進めることになる。このような意味で授業の体系化・標準化と ICT の使用とは表裏の関係にあるといえる。

さらに ICT は，個々の授業だけでなく，大学教育の過程全体を通じた学生の学習の実効性を高める上でも重要な役割を果たし得る。従来からも，学生の学籍管理，成績管理等には順次コンピュータが導入されてきたが，インターネットの急速な発展によって，従来のそうした機能を遥かに超えて，さまざまな形で大学の組織としての管理運営や，個別授業の管理，学生の学習の総合的な管理への応用の可能性が広がっている。

こうした学習管理システム（LMS）は，特にアメリカにおいて発展してきたものであるが，アメリカの大学においては１つの授業（コース）での学習が１つの学習「単位」として完結することが求められ，したがって実質的な学習が求められるとともに，学習成果の評価も厳格になされる。学生の学習をより効率的に管理することが不可欠であり，それに応じて伝統的にいくつものツールが作られ，学習管理システム（LMS）もそうした伝統の上に立っているのである。

新型コロナが流行中の 2022 年夏に，オンライン授業から対面授業にすでに切り替えたアメリカのカリフォルニア州にあるサンディエゴ大学を訪問調査する機会を得た。当該大学のすべての教室に学生を映すカメラ１台，教師を映すカメラ１台が設置されている。ZOOM とブラックボード，Panoto と組み合わせた LMS は，教室で行っている授業を録画し，その内容をシステムに自動保存し，教室に来られない学生も見られるようにしている。教室内と教室外で学生が同時に受講できるハイブリッド型授業が実現した。LMSは，ウェブ（Web）を用いて授業のシラバスの提示，講義資料，動画コンテンツの掲示，学生に対するアンケートや小テスト，あるいはレポートの実施および管理，試験の採点と成績管理，さらに学生同士のチャットの場の提供などを，一貫して行う機能を備えている。

日本の大学でも，個々の授業で学習管理システムが活用されるようになったが，それはコロナ感染症という天災による一種の強制が効いているともいえる。

日本の大学においては，歴史的に「学習の自由」が重要な理念とされ，個々の授業はむしろ教師による講義であり，学習成果も学期末に行われる試験によってなされるのみで，学習の過程そのものを統制しようとする傾向が弱い。むしろ教育はゼミなどの少人数の組織あるいは卒業論文，実験などによって完結されるものと考えられている。そうした土壌のうえでの，本格的な学習管理システム（LMS）の活用と教育方法と理念の改革が期待される。

（3）学習のモニタリング，成果の可視化

以上に述べたLMSという学習管理システムは個々の授業について設定されるものであり，教育する側からの学習管理システムと言えるが，むしろ教育を受ける学生を単位としたモニタリング・学習管理，という形態もあり得る。

例えば，大学に入学しても成績が不振であったり，不登校に陥る学生が増加していることが指摘されているが，そうした可能性をもつ学生を早期に発見し，対策をほどこすために，履修状況のデータベースが有効な手段となる。また，最近の「ビッグデータ」の活用技術の発展は

大学教育の改革に新しい可能性を拓く。こうした形で学生の学習状況を把握し，何らかの問題を発見することを通じて，学生のよりよい学習，あるいは退学を予防することを，エンロールメント・マネジメント（Enrollment Management＝EM）と呼ぶ「在籍学生管理」がある。また学生の入学試験と入学後の学習行動などを結び付けたデータを作成し，そこから入試方法あるいは入学後の教育体制の見直しをすることも行われている。

他方で学生が自分自身の学習成果を確認する仕組みも作られている。一般にはウェブにおける自分のページに登録するために，「e-ポートフォリオ」と呼ばれるシステムがある。これは学生の授業の修得履歴，そこでの学習成果などを，個人用のウェブページを用いて記録するものである。それによって学生は自分がどのような能力を身につけてきたのかを自己診断し，また大学側は個々の学生の修得状況に応じてきめ細かい指導を行うことができる。さらに就職の際にこれを用いる可能性もある。

以上のICTの大学教育への3つの面での利用は排他的なものではない。またどの方法のみが正しいというものではない。むしろ専門領域の特性や学生の特性などによって，授業の方法とともに選択され，また組み合わされることが必要である。

3．オンライン授業とコロナ禍

（1）オンライン授業

以上は大学における通常の授業にICTを利用する場合であったが，授業の一部をすべてオンラインによって配信する形態が可能となってきた。

アメリカにおいては，オンライン課程の導入は日本より早く始まった。2003～2008年あたり，教育課程の一部ないし全部をオンライン授業で聴講している学生は，公立，私立のいずれでも１割を超えている。2012～2016年には，また両方が確実に増加の傾向にある。特に目立つのは，営利大学（For-Profit University）においてオンラインコースによる受講生の割合が多く，また増加していることである。

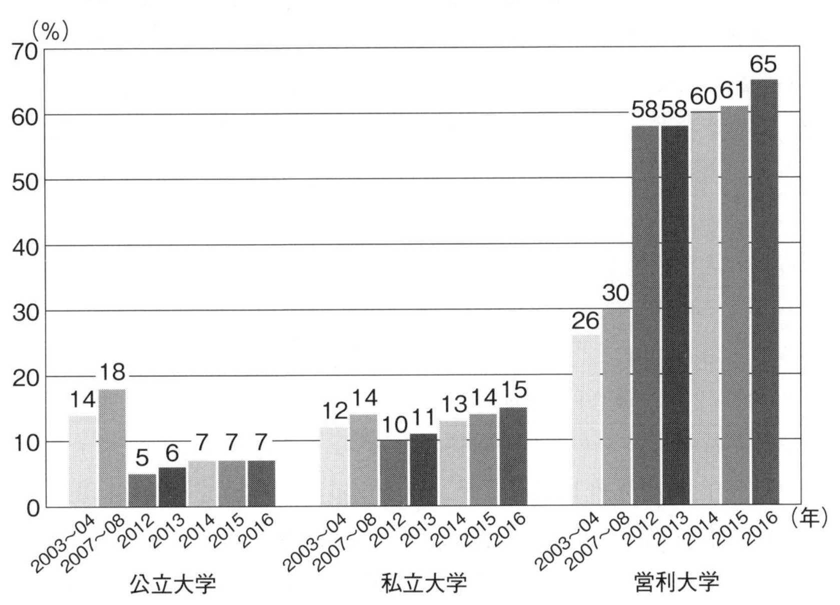

図７－３　４年制大学でオンライン授業を受けている学生の割合（アメリカ　2003-2016年）

出典：①2003 - 04及び2007 - 08のデータは，*Digest of Education Statistics 2014*, Table 311.22（p. 485）。②2012年以降は，その後の各年報告書で該当する表。

2012～2016年において遠隔教育コースのみで単位または学位を獲得する学部生の割合は，公立5～7%，私立は１割程度，営利大学は５割を超えている。コロナ禍によって，オンライン授業をほぼすべての大学の教師，学生が経験したので，今後，遠隔教育コースのみで単位または学位を獲得する学生の増加が大いに見込まれ，特にハイブリッド型授業の増大・実施によって，実質にオンラインで学習する学生の数が大きく増える可能性がある。

日本の大学ICT推進協議会の2020年の調査によれば，インターネットによるリアルタイム型，またはオンデマンド型で授業を配信する大学の数は日本でも2020年に入って飛躍的に増加した。キャンパスへの入校制限によって,大学が何らかの形で,遠隔教育を実施せざるを得なかった。コロナ禍で蓄積した遠隔教育の経験によって，少なくとも一部の授業をインターネットで配信することは8割と，かなり一般化しているといってよいだろう。

日本の大学設置基準の改定（2022）によって，現在学士の学位を取得する124単位中，60単位はオンラインによる実施（第32条第5項）が可能であると同時に，また60単位が単位互換の形で実施可能（第28条・第29条第2項・第30条第4項）となり，遠隔教育によって，取得する単位数が特例付きであるが，申請によって，大幅に緩和されてきた。

東京大学2022年度以降の「オンライン授業について〜履修にあたっての注意事項〜」では，授業実施形態（対面授業とオンライン授業）について，学務システム（UTAS）で次のように，5つに区分している。

- 対面授業
  - ○対面型（対面のみで実施）
  - ○対面・オンライン併用型A（総時間数の半数以上を対面で実施）
- オンライン授業
  - ○対面・オンライン併用型B（総時間数の半数未満を対面で実施）
  - ○オンライン型（オンラインのみで実施）
  - ○オンデマンド型（すべての授業をオンデマンドで実施）

このようにして，今後オンラインによるリアルタイム型，オンデマンド型，ハイブリッド型の授業形態は，ICTの技術的進展によって，さらに進化していくことであろう。

さらにここで，個別の大学のICT活用の取り組みとして，京都大学の「ICT基本戦略2022」について見てみよう。10年後に大学が直面する情報環境の理想像から逆算して，その実現手段を考えるというバックキャスト手法で，3つの課題を設定した。第1に研究データの管理・利活用するプラットフォーム体制を整える。第2にICTによる教育支援システムの利用の利便性，効果を踏まえ，教育用コンピュータ，学習用プラットフォーム，ソフトウェア利用，コンテンツ利用の全学的環境整備を行う。第3に新たな研究の展開を可能にする情報基盤の構築のために，現在の計算機資源に加え，新たにデータ駆動型のための計算機資源の整備を行う。

上記の課題を解決するために4つの目標を定めた。①データ運用のための環境整備とシステム構築，②場所的・時間的制約のない多様な教育方法を可能にする情報環境基盤の構築，③新たな研究の展開を可能にする情報環境基盤の構築，④新たな情報環境基盤を支える組織の整備である。

今まで，京都大学高等教育研究開発推進センターによって運用されてきた授業や公開講座，国際シンポジウムなど6,300件のオープンコースウエア（OCW）が，組織の廃止改編によって，新たに「OCW 2.0」として全学的に運用されるとしている。知を社会に還元する一環として，高校生や社会人等に一般市民などをターゲットとして，講義を中心に，知的資源を無償で発信する。と同時に京都大学公式YouTubeや研究科YouTubeなどを一元的に検索できる動画検索システム（KU-Search（仮称）を構築していく。

以上の事例はICTの補完機能および開放機能にあたる。ただしそれは多くの場合，一方的な情報の提供であって，ICTの遠隔性，再現性という特性を活かしたものであるが，双方向性を持つものではないことに留意する必要がある。

（2）コロナ禍とオンライン授業

オンライン授業の普及の契機となったのは，2020年に始まるコロナ禍である。対面授業の実施が困難になるという危機に直面した日本の大学は，オンライン授業の導入によって教育機能を維持した。未曾有の事態により，それまでICTの利用に消極的であった大学教師が，その利用を避けることができなくなったことが，1つのショック療法になったともいえる。その実態はどうか，またそれは将来に向けて何を意味するのか。大学教師約3,000人に対する意見調査（金子2021）を通じて，そこからの知見を次の3点にまとめている。

第1に，2020年秋学期（後期）に全大学で提供された科目数のうち，約半数が遠隔（双方向，配信）で行われたと推定される（図7‐4）。これは学生が出席した授業数に置き換えれば約6割となる。2021年には対面授業が拡大したものと思われるが，大勢には変わりない。

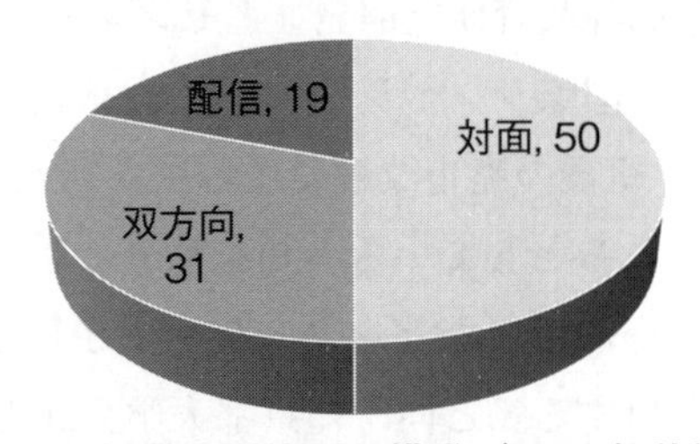

図7－4　授業の形態別の構成（2020年秋学期）
N＝2,259　単位＝％

出典：（金子2021：10）

第2に，最近普及してきた各種の学習管理ソフト（LMS）を含めたいくつかの技術についての使用頻度をたずねた質問への回答を多い順に並べて集計した。その結果は図7-5のとおりである。

授業内容，課題，授業そのものの配信にかかわるものの利用が最も多い。とくに「授業教材などのLMSへの掲示」は8割が“よく使う”と答えており，“使わない”は6パーセントにすぎなかった。

出席確認，授業についての質問，個人指導も比較的よく使われている。とくに，「メール，LMSによる授業後の質問」は，“よく使う”と“時々使う”をあわせると，9割以上が使っていることになる。

他方で，対面授業ではないことを補う機能としての「授業ソフト，LMSによる出席の確認」も，約8割が何らかの形で使っている。しかし双方向型の授業において，「学生の顔を表示させる機能」については，“よく

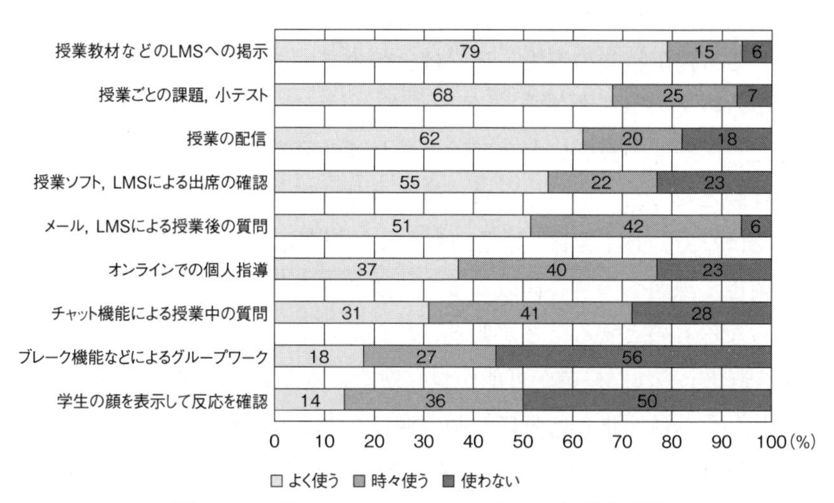

図7-5　用いられていたICT（2020年秋学期）

N＝2,756

出典：（金子 2021：15）

使う”が14パーセント，“時々使う”をいれても半数に過ぎない。学生の反応の把握は問題が残ることを示している。

また教師の評価によれば，学習目的の達成という観点から遠隔教育の効果は，従来の対面教育に必ずしも劣るものではなかった。それは特に遠隔授業が，授業前の内容の予告，教材の配布，さらに授業後の質問，コメント，出された課題の達成，といった点で学生の教室外での自律的な学習を促進する効果を持っていたからである。これは多数の大学で行われた学生に対する実態調査の傾向とも符合する。

第3に，遠隔授業はとくに学生の反応をみながら授業をすすめ，また授業中の学生の注意力を喚起し，さらに学生の参加を促す，といった点では十分ではなかった。また学習意欲の高い学生については遠隔授業のほうが高い効果をあげる一方で，意欲が低く，通信環境の十分でない学生にとっては効果が低く，学習から脱落するおそれも生じる。また教師にとっても遠隔授業の導入，運営はきわめて大きな負担となり，また教師による授業の差も大きい。

ただし，多くの教師にとっては，これは教育を考えるうえで非常に重要な経験となった。それはコロナ禍の中では個々の授業を教室での講義だけではなく，①授業前：授業内容と教材の開示，②授業：講義と質問，③授業後：課題への解答作成による知識の内面化，という一連のプロセスからなるものとすることが要求されたからである。この意味で，いわば「構造化」された授業が可能かつ有効であることが経験からわかった。しかし，それは学生と同時に教師の側にも大きな負担増を意味した。

それは他方で，「場」としての対面授業の役割を見直すことにもつながる。授業は教師と学生が同じ場を共有することによって，教師は学生の反応を確認して授業を進めるとともに，学生の集中力を引き出す力を持つ。また教師と学生との間の密な関係が微妙な知識や考え方の伝達に不可欠な専門分野も少なくない。しかし現実の対面授業のすべてがそうした機能を果たしているわけではない。遠隔手段を前提として，対面授業の範囲や方法を再考することが求められる。

これは授業の内容・形態に選択の幅が広がることを意味する。そこで教育の効果，効率性を高めるには，個々の授業が過度に個別化せず，体系化されることが必要となる。また多数の学生を対象とする共通の科目については，授業コンテンツの標準化，教材の共同作成，共有化の可能性が考えられる。さらにそれを大学を越えて共有することも可能である。ICT技術はそうした可能性を開く。それを教師の自主性・自発性，大学の個性とどのようにバランスをとるかが問題となる。

これまで日本の大学教育は密度が低く，低質であると批判されてきた。コロナ禍後には単にそのような旧態に復帰するのか，あるいはここで開かれた可能性を活かして新しい大学教育を作るのか，またそのためにどのような条件を構築するのか，が問われている。

4．ICT利用の課題

（1）支援体制・組織

以上に述べたように，日本の大学における，ICT活用は進んでいるものの，アメリカに比べれば，必ずしも十分ではない。ICTの可能性を十分に活かすには，ICT基盤の整備，大学としての支援体制の役割がきわめて重要なことを示している。コロナ禍以降の大学におけるオンライン授業の実施によって，情報基盤の整備と支援体制と経験の蓄積が進んできたことは言うまでもない。しかし，コロナ禍においてのオンライン授業への臨時支援措置と対応が，今後どのような形でICT活用の実践に活かされるかは，疑問が残る。

コロナ禍前2016年の「ICT利活用調査」によると，ICT活用のための全学的推進組織を設置していた日本の大学は6割程度であり，またそうした組織に，常勤職員は少なく，非常勤職員あるいは学生，大学院生のアルバイトで支えられていた。またICT導入に対する障害を聞いた

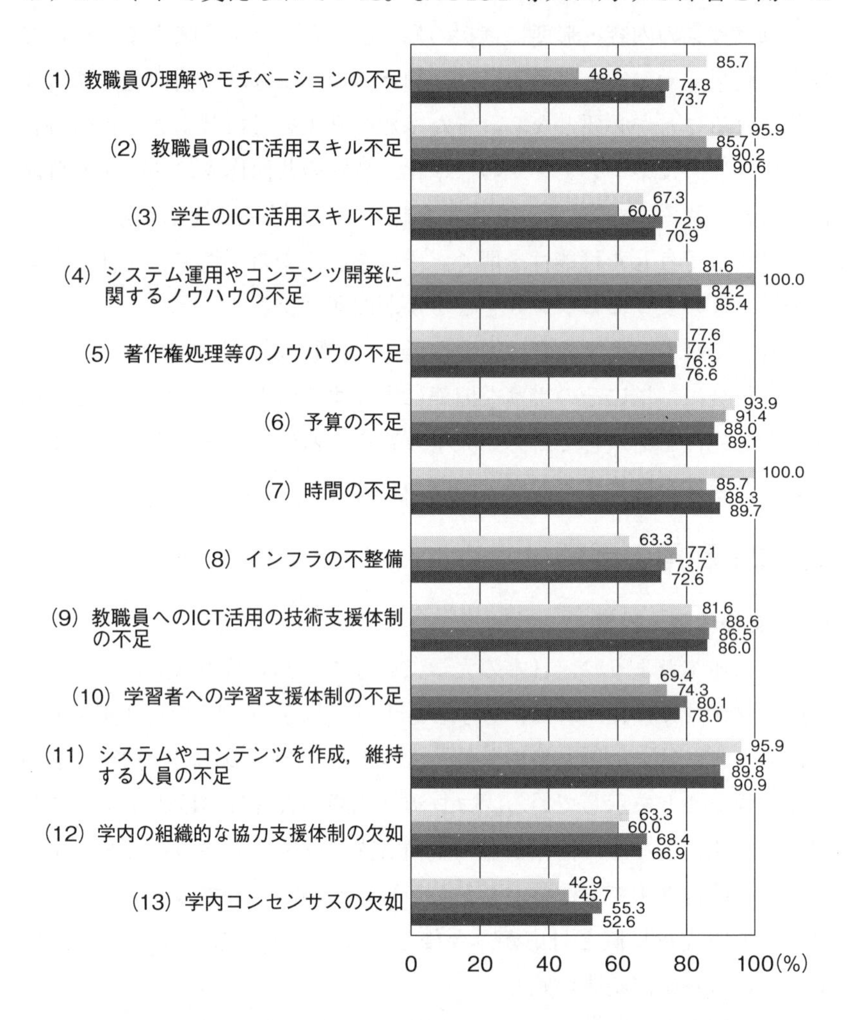

図7－6　ICT活用教育の導入や推進の阻害要因（設置者別）

出典：大学ICT推進協議会「高等教育機関におけるICTの利活用に関する調査研究（2020年度調査）結果報告書（速報版）」https://ict.axies.jp/_media/sites/11/2022/08/2020_axies_ict_survey_summary_v1.pdf p.45，図4.3-4

ところ，人員不足，予算不足，専門人材の確保が課題である。「コンテンツの作成など教師の負担の増加」，「予算コストの増加」，「システムの維持，管理での負担の増加」など，十分な基盤が与えられているとはいえない（「ICT 利活用調査」2016）。

コロナ禍の期間中に行った「ICT 利活用調査 2020」においては，ICT 活用教育の導入や推進を防げる阻害要因として，依然として，予算／時間／人員／ノウハウ／教職員のスキル不足，が多く挙げられている（図 7 - 6 ）。

このようにみると，大学全体としての ICT 導入の体制が十分でないとともに，ICT 導入をより効果的にするための，支援組織の強化，専門人材の確保，予算の十分な投入，そして個々の授業のあり方の改革が，日本の大学における ICT 導入にとって重要だといえよう。

今一つの問題は日本の大学の，学部・学科のタテ割りの組織である。学校教育法の改正（2017 年）によって教育研究については学長の権限が強化されたが，学部教授会の権限が強い大学はまだ多い。それは ICT などの導入を阻害する傾向をもつ。また学部に学生のさまざまな記録等が保管されており，それを上述のエンロールメント・マネジメントなどに全学のレベルで統合して用いようとしても，大きな障害になることが少なくない。

（ 2 ）教師の意識

ICT が従来の授業のあり方を大きく変える可能性を持っていることは，すでに述べてきた。印刷技術の発展あるいは書物の普及が大学教育の理念に強い影響を与えたように，ICT は情報化社会における大学の授業のあり方に重要な変化を生じさせるものと思われる。また大学全体として ICT の活用に力を割いている大学も少なくない。

しかし大学教師からすれば，こうした技術は親しみのないものであり，大学としての支援体制と，個々の教師のICT利用との間に一定の距離があることも事実である。「教職員の理解やモチベーションの不足」について（図7 - 6参照），国立大学では85.7%，公立大学は48.6%，私立は74.8%，大学事務局は73.7%となっている。コロナ禍の中で，授業にICTを導入したものの，効果を認めながら，教職員の意識は高くないことが明らかである。

これは必ずしも，ICTの技術的な面で教師の技能が低いことのみによるものではなく，教師の大学教育観を反映していると考えるべきである。特に日本の大学教師がもっとも重視するのは，教師と学生とが同じ空間で対話する，言い換えれば対面して活動することである。また近代大学の精神的な支柱をなすといわれた「フンボルト理念」は，講義において教師が自らの学術的探求の過程を学生に話すことによって，学生はそうした探求を間接的に体験し，その精神を学ぶことが想定されていた（金子2008)。こうした意味で対面型の授業は，いわば大学教育の核をなすといっても過言ではない。

こうした教師の意識を前提としたうえで，ICT利用のメリットをどのように理解させ，説得していくかが重要な課題である。

(3) 深い学習

さらにそれは，授業で何を学生に身に付けさせることを目指すのか，という基本的な問題につながる。

大学教育は一般に，一定の知識を教育と結びつける考え方，あるいは理論と結びつけながら修得することを目的としている。そうした学習を促進するうえで，知識・理論あるいは事物，現象が，音声，画像，映像（ビジュアル）に表現されることはきわめて大きな意味をもつ。あるいは人間や自然の現象が音声，映像を伴って示されることは，事物そのものに対する擬似的な体験として重要な意味をもつ。そうした点で，ICTがきわめて大きな価値をもつことは，広く認識されている。さらにICTは，情報・知識についての解説を，繰り返し聞くことを可能にするという意味で，個人による理解の仕方や速度の相違による限界を乗り越える可能性を与える。

こうした意味でICTの利用はよりよい授業をつくる可能性を与える。しかし基本的に重要なのは言うまでもなく，学生自身がどのように，また何を学ぶか，という点に他ならない。第2章で述べたように，情報化社会では単に情報に関する知識・技能だけでなく，社会の流動化や不確実性，情報過剰の中で，いかにして主体的にものを考えるかが重要となる。それは学生個人にとってもそうであるし，ひいては社会全体にとってもそうである。そうした意味での主体性をもつためには，基礎的な判断力や思考力が不可欠となる。そしてそのための深い学習をどのように実現するかが問われている。

考えてみれば，これまでの大学教育の理念もそうした意味での主体性を形成することを目指していたのであった。イギリス，そしてアメリカへと発展した「リベラル・アーツ教育」の教育理念では，古典を媒介として，教師と学生とが対話することによって学生が古い固定観念を打ち破り，それによって既成の概念をそのものとして受け取るのではなく，それを批判的に考えてみる態度を身につけることにあった（金子 2013）。ここでも教師と学生との相互作用こそが教育の基軸になったのである。しかし古典や学術の体系化された知識はもはや学生を引き付ける力を失っている。

社会や自然に興味をもち，さまざまな形で働きかけ，それに対してさまざまな情報を得ること，それが個人の中でさまざまな思考や葛藤を通じて，自我あるいは主体的に統合されていく，それこそが深い意味での学習であり，人格的な成長であるとすれば，そうした過程を作るために何が必要であり，ICT はそこにどのような役割を果たすことができるだろうか。情報化社会はそうした問題を大学に突き付けるのである。

参考文献

金子元久（2021）『コロナ禍後の大学教育―大学教師の経験と意見』東京大学大学院教育学研究科大学経営・政策研究センター
https://ump.p.u-tokyo.ac.jp/crump（2023.04.10 確認）

金子元久（2013）『大学教育の再構築』玉川大学出版部

金子元久（2008）『大学の教育力―何を教え，学ぶ』ちくま新書

大学 ICT 推進協議会（AXIES）（2022）『高等教育機関における ICT の利活用に関する調査研究 2020 年度』結果報告書

大学 ICT 推進協議会（AXIES）（2018）『高等教育機関における ICT の利活用に関する調査研究 2016 年度』結果報告書

日本私立大学情報教育協会（2021）「私立大学教師の授業改善白書」
https://www.juce.jp/LINK/report/hakusho 2021/hakusho 2021.pdf（2023.04.10 確認）

Institute of Education Sciences, National Center for Education Statistics, The Condition of Education 2011, 2014, 2018

Institute of Education Sciences, National Center for Education Statistics, Digest of Education Statistics 2014 50th Edition

8 開放型の高等教育

苑 復傑

《目標＆ポイント》 第7章では，情報通信技術（ICT）の応用による既存の大学での授業の改善について述べた。この章ではICTを軸として，伝統的な大学の制度的枠組みを超えてICTによる学習を広げる動きについて考える。まず広い意味でのICTである放送あるいはインターネットを用いた大学について述べ（第1節），新しい形態として注目を浴びつつあるMOOCなどの「大規模オンライン授業を紹介するとともに（第2節），こうしたICTを用いた開放型の高等教育の可能性と問題点・課題について考える（第3節）。
《キーワード》 放送大学，オンライン大学，オープン・エデュケーション（Open education），オープン・コース・ウェア（Open Course Ware＝OCW），大規模公開オンライン授業（Massive Open Online Courses＝MOOC）

1. 放送・オンライン大学

より広い範囲の人々に高等教育を開放するための組織としては，19世紀後半に郵便を用いた大学「通信課程」があった。それに加えて1960年代からは，テレビ・ラジオ等の放送手段を用いた放送大学，さらに1990年代からはインターネットを用いたオンライン大学等が発展してきた。

（1）大学「公開」と放送大学

歴史的にみれば，長い間，多くの人々にとって「大学」で学ぶことには厳しい制約があった。学生は大学の入学資格を満たし，大学のキャンパスにある校舎の教室で，決まった時間に授業を受けなければならない。そうしたことができるのは，特定の社会階層の家庭からの，一定の年齢の学生だけであった。大学教育は，場所，時間，社会的な地位等の要因によって厳しく制限されていたことになる。

それに対して，近代になってそうした制約条件を撤去することによって，大学教育の機会を開放することが試みられるようになった。その1つの例は，郵便を通じて教科書を送付し，それに対するレポートを回収して，それを添削する，という通信教育という形態である。その先駆は英米にあるが，日本の明治時代にも，東京専門学校（早稲田大学），慶應義塾等が，「講義録」を通じて通信教育を行っていた。特に地方に在住する若者の教育意欲に応えていた。

その伝統を現代に受け継いでいるのが，大学教育の「通信課程」である。これは学校教育法に規定された大学制度の一部をなし，一定の条件が満たされれば，学位（学士・短期大学士）が与えられる。その教育の質を保証するために大学が満たさなければならない条件については「大学通信教育基準」「短期大学通信教育基準」が文部科学省令によって定められている。

他方で1960年代からはラジオ，テレビ等の普及に応じて，それを活用して高等教育機会を広げようとする試みが始まった。その始まりとなったのが，1969年にイギリスで設置された「公開大学」（Open University）である。とくに階級による社会分断が激しかったイギリスにおいて，大学教育の機会を広く提供しようとする政策的な意図があった。公開大学はあくまで大学の一形態であるが，ラジオ，テレビ等での授業と面接授業とを組み合わせて大学教育を行うところに特徴があった。これがICTを活用する質の高い遠隔教育のモデルとなった。

イギリスの公開大学は，学士号，修士号，博士号，非学歴証明書，リカレント教育等の教育課程を行っており，13 の学習センターを設けている。イギリス，欧州，アフリカ，アジアからの 8,000 人以上の留学生を含めると，2022 年に在学者は 20 万人に達している。現在は芸術社会科学部(FASS)，経営法学部(FBL)，理工学部，工学部，数学部(STEM)，ウェルビーイング，教育，言語，スポーツ学部（WELS)，また WELS を介した教育技術研究（Institute of Educational Technology＝IET）のプログラムも運営している。

日本の放送大学は 1981 年に創立された。日本語の名称は「放送大学」であるが，英語名では公開大学（The Open University of Japan）を用いており，高等教育機会の開放がその重要な設置目的であることを示している。またその設置は政府が行ったものであり，「放送大学学園法」という法律を設置根拠としている。

日本の放送大学が 1983 年に開講された当初は，学士課程のみの教育を行っていた。学士課程の学生は基本的には通常の 4 年制大学と同様であるが，「専科履修生」「科目履修生」の制度が設けられ，それには 15 歳以上であれば入学資格がある。また単位互換協定を結んだ大学の学生が「特別聴講生」として放送大学に在籍し，単位を獲得して出身大学の卒業要件の一部とすることができる。また 2001 年に修士課程，2014 年に博士課程を設けた。

学士課程は「教養学部」のみで構成され，卒業すれば「学士（教養)」の学位を与えられる。しかし 1990 年代からは，学芸員，司書教諭，そして 2007 年からは，福祉コーディネータプラン，社会生活企画プラン，地域貢献リーダー人材育成プラン，心理学基礎プラン等 20 近いエキスパート証書と関連する教育も導入している。

授業は印刷教材と放送授業を中心とする。放送授業は，千葉県美浜区にある放送大学本部で収録され，BS 衛星放送によるテレビ，ラジオで視聴できる。またウェブを通じた視聴も可能である。そして面接授業を受けることも必要で，全国50カ所に設置された学習センターで行われる。このようにラジオ，テレビの遠隔授業と面接授業の組み合わせによる教育を行ってきた。学生数は約9万人であり，学生の年齢層は50歳代以上が約半数を占めている。

このように主に放送を用いた公開型の大学は，イギリスあるいは日本だけでなく，世界各国で政策的に推進されてきた。アジアでもその例は多い。例えば中国においては，1979年に「ラジオ・テレビ大学（原語：広播電視大学)」が創設された。同大学は2012年に「開放大学」と名称が変更され，世界で最も大規模の遠隔教育大学として発展を遂げてきた。

中国の開放大学は，国家開放大学を頂点に，中国の各省と大都市に45の分部，1,000以上の地方学院があり，3,735の学習センターをもち，全国でネットワークを形成している。教育課程は学士，準学士，職業教育，非学歴教育，リカレント教育，生涯教育を含めて，2022年現在498.8万人の学生が学んでいる。また最近では高齢化に対応して，国家老年大学が設置され，2023年3月に開講した。すでに600万人以上の高齢者が学習登録しているという（荆徳剛2023)。

こうした1960年代から80年代に誕生した，放送手段を用いた公開大学は，伝統的な大学の機能を，より多くの対象に広げるという意味で，伝統的な大学に対する代替機能を負った典型的な事例ということができる。これまでに大きな役割を果たしてきたし，これからの生涯学習社会の構築を目指して，さらに大きな役割を果たすことになる。特にデジタル技術，情報化社会の進展によって，職業上に要求される知識や技能は常に変化し，進歩し続ける。成人の学び直しに対応する教育が求められているが，大学のキャンパスに一定の期間，通って学習するという形態をとることは成人には難しい。そうした制約はむしろ学習の要求が強い成人ほど大きいといえよう。

しかしこれまでの遠隔教育は，面接授業によって補完されるとはいえ，授業の配信方法としては制約があることは事実である。ラジオやテレビという放送による授業は時間による制約があると同時に，双方向の対応を欠かざるを得ない。

インターネットを用いた新しい情報通信技術（ICT）はこうした意味で大きな可能性を開いた。インターネットを用いて授業を配信することによって，学生は必ずしも大学に行かなくても授業を受けることができる（遠隔性）。しかも教師と学生は，直接に対面していなくても，インターネットを介して，リアルタイムで相互に発信することができる（相互性）。さらに授業を記録して，オンデマンドで，必要に応じて視聴することも可能となる（再現性）。特に2020年に発生したコロナ禍の3年間，大学で実施されたオンライン授業は遠隔性，相互性，再現性によって，成り立っていたのである。

こうした背景から，従来の公開大学においても，インターネットを用いたオンライン授業を導入する傾向が強まっている。また放送手段を用いることによって，必然的にその内容が不特定の対象に公開されるため，いわば番組としての高い完成度を要求され，高い人的・物的コストを要する。そうした観点からもインターネットを用いた授業に移行することも必要となっている。

ただし，放送大学はすでに制度的にも整備され，高い質的水準を保つ点で実績をあげてきた。とくに面接授業，学習センター等の施設が整備されてきたことはその重要な要因である。そうした点からすれば，インターネットに全面的に依存した大学になることには問題があることも事実である。その意味で放送大学をいかにインターネットの時代に適合させるかが課題となっている。

(2) 日本のオンライン大学

他方でインターネットの広範な普及によって，授業を全面的にインターネットによって配信する形態をとる，「オンライン大学」の事例も増えてきた。以下では日本とアメリカの事例について見てみよう。

日本では，インターネット授業による通信制課程のみの大学として，2005年に「ビジネス・ブレークスルー大学大学院（BBT)」が修士課程のみの専門職大学院として設置された。これは法令上の通信制課程ではないが，専門職大学院設置基準において遠隔授業については，通信制課程の規定を準用することができるとした規定に基づいている。さらに同大学は通信制課程の学士課程を2010年に設置した。またソフトバンクが出資した株式会社立大学である，「サイバー大学」(2007年）もインターネット授業による通信制課程の大学である。

こうした教育課程におけるインターネットの利用について，従来の大学における「通信制課程」の枠の中で，インターネットによる授業を行う場合もある。この場合，学生は通信制課程の学生として卒業資格を得ることになる。

例えば，早稲田大学の人間科学部では，通信制教育課程として「eスクール」を2003年に設置している（図8-1）。この課程は主に成人を対象として，インターネットで授業を行うだけでなく，BBS（電子掲示板システム）で質問・討論，レポートの提出や小テストも行う。独自の入学者選抜を行い，修了者には通信課程として学位を発行するとともに，一定の条件を備えた学生については，試験を行った上で，早稲田大学人間科学部への転入も認める。「eスクール」には人間環境科学科，健康福祉科学科，人間情報科学科の3つの学科でオンラインコースを開講しており，2022年度の選抜入学試験結果では1.6倍の合格倍率で，236人の入学者を迎えた。2022年までに1,600人の卒業生を送りだした。

図8-1　早稲田大学eスクールのトップページ

出典：https://www.waseda.jp/e-school/about/（2023.04.08確認）

以上に述べたように，2000年代から設置されてきた，インターネット配信の授業のみによって学位を発行する教育課程・大学は大学教育の機会を開放する意味で，重要な意味を持っていることは言うまでもない。しかし他方で，そうした柔軟性自体が，大学教育の質について深刻な問題を生じさせる可能性を含んでいることに留意しなければならない。

（3）アメリカのオンライン大学

日本に先駆けて，アメリカにおいては本格的なオンライン大学が始まり，すでにきわめて大きな存在になっている。インターネット教育課程・大学は，主に成人学生を対象として設置されている。実際，アメリカ等でも，大学におけるインターネット利用の授業やインターネット教育課程・大学等は，成人学生を対象としているものがほとんどである。

その背後には，社会人の間には特定の職業に関連する知識・技能を獲得する要求がある一方で，すでに社会人となっている人たちが大学に通学するには地理的，時間的な制約がより大きいことがある。とくに専門的な職業知識については，提供できる大学が少なく，その意味でも地理的な制約は大きい。他方で職業上の知識を獲得する目的があれば学習意欲は強いから，必ずしも対面授業によって，学習を強制させられる必要はない。こうした成人の教育要求に，オンライン授業や教育課程・大学の役割は大きな意味をもち得る。

その1つの例として「フェニックス大学」（University of Phoenix）を見てみよう（図8 - 2）。フェニックス大学は1978年に設立された営利的遠隔教育機関である。本部はアリゾナ州フェニックス市にあり，2023年には12のキャンパスを運営している。放送メディアからスタートした同大学は，1990年代からオンライン課程を始めており，100以上の証明書プログラムと準学士，学士，修士，博士の学位課程がある。ビジネス，テクノロジー，看護，健康管理，教育，刑事司法，心理学，行動科学，リベラル・アーツの9つの学部を設けているほか，教師と実務家のためのリカレント教育コース，企業のための専門能力開発コース，そして軍人のための専門の勉強コースを提供している。

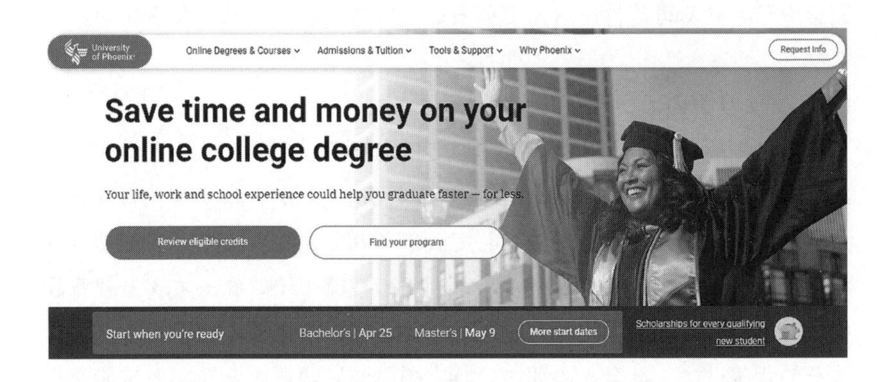

図8－2　フェニックス大学のトップページ

出典：https://www.phoenix.edu/（2023.04.08 確認）

フェニックス大学の2021年の学術年次報告書によると，2021年に7万8,600人の学生が学位プログラムに登録しているが，2014年には25万人，2016年には14万人と，学生の数は急激に減少してきた。2021年の学生平均年齢は38歳と成人が大部分であり，男女別では女性が70%と多い。他方で授業料は，1単位当たり学士が398ドル，修士は698ドル，博士は810ドルと公立大学より高い。

学習形態として，大学は，学習チームプロジェクトに取り組むことによって共同作業することを学生に要求する。そこでは，クラスは4～5人の学生の学習チームに分けられ，各学習チームには，チームメンバーがプロジェクトについて話し合い，進める。また必要に応じて，1対1のメンターによる指導の実施，さらに100万人の同窓とイベント等を通じてネットワークを形成している。

しかし，フェニックス大学の実態については厳しい批判もある。教師の圧倒的大多数は非常勤であり，講師の95%がパートタイムで教鞭をとっていると言われている。フェニックス大学の教育は，学問的な厳格さに欠け，使用している教材もレベルが低いという批判もある。また学生の卒業率は，17%程度であり，連邦奨学金による学生補助によって支えられているという批判もある。いずれにせよ，営利大学のあり方にはさまざまな議論の余地があることは事実である。

2．公開オンライン授業（OCW）

第1節で述べたのは，放送ないしオンラインのみで授業を行う形態の大学であったが，20世紀末から，伝統型の大学で行われている授業や教材を，その大学の外に広く公開しようとする動きが拡大しつつある。これは大学の教材・授業等の教育資源を公開することから「公開オンライン授業」(Open Course Ware) または「公開教育資源」(Open Education

Resources）と一般に呼ばれる。

（1）オープン・コース・ウェア（OCW）

その中で最も大きな影響を与えたのが，2001年にマサチューセッツ工科大学（Massachusetts Institute of Technology＝MIT）が始めた「公開オンライン授業」（Open Course Ware＝OCW）プロジェクトである（図8-3）。このプロジェクトはMITの授業科目リスト（カタログ）の全部を公開し，それぞれの授業についてそのシラバス，教材の講義ノートや読書リスト，学生に与える課題，テスト問題等を公開することを目的とするものであった。さらに一部の授業については，授業の映像をビデオ化し，それを随時視聴可能なストリーミングとしてウェブで公開している。

これをMITの学生だけでなく，学外の学生が用いて学習することもできるし，また他大学における授業で利用することもできる。授業のビデオ配信にはYouTubeのフォーマット以外，ポッドキャスト，仮想現実（VR）も用いられている。配信のためのアプリ，設備等への投資については，連邦政府，メロン財団（Mellon Foundation），ヒューレット

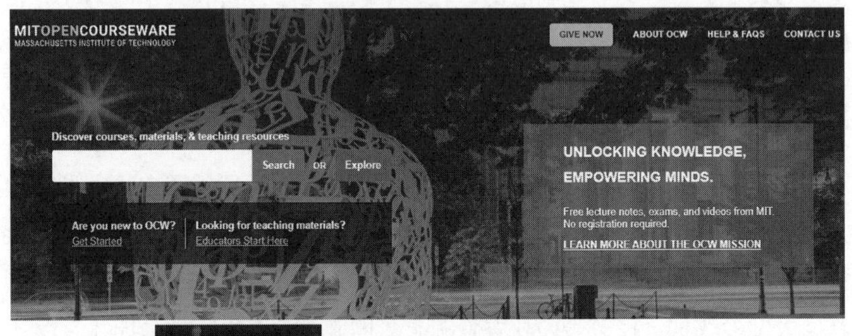

図8-3　MIT OCWのトップページ

出典：https://ocw.mit.edu/（2023.04.08確認）

財団（William・Flora Hewlett Foundation）のほか，大学自身も支出した。

その後，このOCWの運動は全米に広がり，多数の大学が参加した。また国際的にも参加する大学が増加し，国際コンソーシアムも結成された。英語での教材を自国語に翻訳するといった試みも一部で行われていた。字幕付与技術，機械翻訳技術の進展によって，多言語による字幕付きのオンライン授業配信が現実となった。このオープン共有運動はオープンなデジタル学習の世界的な現象への道を開くのに役に立った。2020年からの世界的なパンデミックの緊急事態に対応し，その蓄積してきたノウハウと資源は遠隔教育への急速かつ根本的な移行に活かされた。

日本でもこうしたOCWの動きに対応して，2005年からいくつかの主要大学が一部の授業の公開・配信を始めた。その中で東京大学では，「知の開放」事業の一環として，2005年にUTOCWウェブサイトを開設し，東京大学の講義資料を無償で公開したが，それを「UTokyo OCW」に発展させた（図８-４）。「UTokyo OCW」では，東京大学の教育プログラムに従って提供されている1,400を超える正規講義の資料や映像

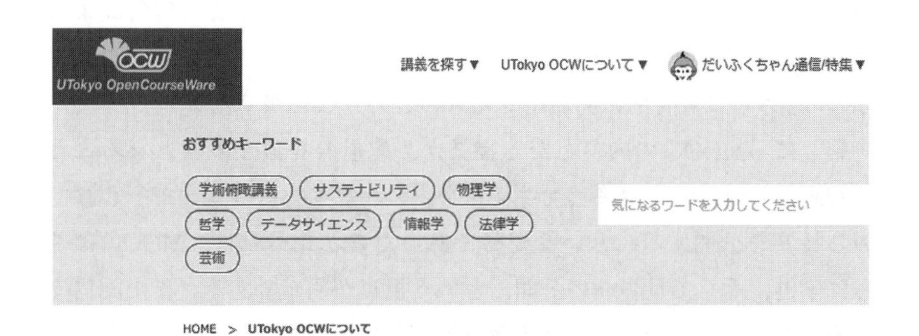

図８－４　UTokyo OCWのトップページ

出典：https://ocw.u-tokyo.ac.jp/about/（2023.04.08確認）

を，東京大学の外の人々にも無償で配信している。このサイトで公開されている資料は，実際の講義で提供されているものとほぼ同じものである。図8-4は，東京大学の授業カタログや，無償公開の講義資料・映像，そして電子教科書等オープン教育コンテンツを集約したものである。

(2) ムーク (MOOC)

上記のオープン・エデュケーションの運動をさらに発展させたのが「大規模公開オンライン授業」(Massive Open Online Courses＝MOOC)という形態である。2010年代から，世界的に有名大学等を中心としてさまざまな公開授業教材がオンラインで提供されるようになった。これらを総称してMOOCと呼んでいる。MOOCは，オンラインで誰でも無償で利用できるコースを提供するサービスであり，希望する修了者は有料で修了証，または学位を取得できる。その共通の特徴は以下の点にある。

第1に，最も基本的な特徴は，前述のOCWが，教材あるいは授業のビデオ配信といった，授業の送り手の側の公開であったのに対して，MOOCはそれに加えて，学生が授業に何らかの形で参加，学習成果の確認のためのさまざまな工夫を取り入れていることである。この意味でOCWをさらに教育的に発展させたものということができる。

第2に，MOOCの内容となる授業が，配信の対象が多数となることを初めから見込んでいる点である。OCWが基本的には大学で行われている授業を公開する，という姿勢であったのと比べれば，MOOCはさらに学外，そして世界への公開，という視点が明確である。また配信の対象となるのは，情報通信技術関連等，学生が集まりやすい傾向がある学問分野を中心としている。

第3に，MOOCは，個人のイニシアティブにより出資者を求める，といった形でベンチャー企業の形態をとる場合が多い。そのため何らかの形でコストを回収することが不可欠である。その意味で初期の，各財団の寄附による有名大学による社会貢献という枠組みから，市場メカニズムを利用する方向へ，大きく変わる傾向がある。

以上のような経緯を経て，MOOC はインターネット利用の授業の開放として始まったものが，さらに形を変えて大規模化し，変質する可能性を示している。ただし，その内容・形態は多様である。以下では，1つの事例についてその内容を概観する。

（３）エデックス（edX）

エデックス（edX）は MIT およびハーバード大学において 2012 年に発足した MOOC プログラムである（図８‐５）。MIT あるいはハーバード大学の在学生が利用するだけでなく，世界中の学生が聴講し，参加することを目指している。2023 年には世界の 230 以上の大学と企業が加盟提携している。

図８－５　エデックス（edX）の修士課程（Micro Masters）のウェブサイト
出典：https://www.edx.org/masters（2023. 04. 08 確認）

エデックス（edX）は，最初から履修証明を発行することを考えていたが，2017年に「オンラインMicro Masters」と称する有料の修士課程プログラムを開始した。2023年に，経営学，データサイエンス，言語，公衆衛生，看護学，ソーシャルワーク，心理学，工学，ヘルスケア，教育の10の修士プログラムと，コンピューターサイエンス・データサイエンス，健康と看護，ビジネスの3つの学士プログラムを提供している。

図8-5に示されているように，Micro Mastersのプログラムは，転職を希望する学習者のために設計され，社会の需要の高い分野で教育内容が提供されている。プログラムの年間学費は1万ドルから3万ドル前後という設定で，従来のキャンパス修士号の数分の1のコストで利用できるという。提携先はボストン大学，テキサス大学オースティン校，インディアナ大学，メリーランド大学，カリフォルニア大学サンディエゴ校，ジョージア工科大学等である。

デジタル化・情報化が進展する中，既存の産業も進化しており，新しい職場で成功するために高度な知識が要求される。しかし，伝統的なオンキャンパスの修士号を取得するために，そこに必要な時間とお金の投資は，多くの人にとって負担が大きい。このプログラムは成人の需要に対応しており，また利用する学習者はローンを含む財政援助も利用可能である。すべての連邦財政援助給付およびその制限は，オンラインMicro Mastersの在籍学生に適用される。

(4) ジェイムーク（JMOOC）

ジェイムーク（JMOOC）は一般社団法人日本オープン・オンライン教育推進協議会（JMOOCS）の略称で，2013年に設立された。日本の大学教師等によるオンライン講義の公開と利用，「MOOC」普及のための広報・周知活動，国内外の組織との連携・交流，MOOC関連グループの組織化と活動支援等を行っている。メンバーシップは会費の納入による。

JMOOC の講座は一部のオプションを除き，修了証の取得まで無料で受講できる。大学受験を控える高校生，意欲的に学び直したいすべての人を支援するとともに，個人の知識やスキルを社会的な評価へつなげていくことを目指している。2023 年までの受講者は 10 代から 80 代までと年代は幅広く，162 万人に達しており，610 講座を配信している。

公認配信プラットフォームとしては，NTT ドコモと NTT ナレッジ・スクウェアが開設する「gacco」，ネットラーニング社による「OpenLearning, Japan」，放送大学による「OUJ MOOC」，公益財団法人才能開発教育研究財団　教育工学研究協議会による「IMETSweb」がある。JMOOC は，これらをまとめるポータルサイトとして，各下位サイトの講座の紹介を行っている（図８‐６）。

図８－６　JMOOC のトップページ

出典：https://www.jmooc.jp/（2023.04.08 確認）

学生の学習は，1週間を基本的な学習の単位とし，1つの動画の長さは10分程度，スマホ・タブレットで受講も可能である。フルオンラインの講義以外に，「gacco」では，オンライン講座と対面授業を組み合わせた「対面学習コース（有料）」のある講座もある。講義動画の視聴や小テスト，クイズ，レポート等で基本的な内容を学んだ後，ミートアップや対面授業において講師や受講者同士の議論を通じて発展的な内容を学ぶ。JMOOCは人生100年時代をより豊かに過ごすために，学び直しをしたい人を応援すると同時に，社員研修向けに研修の配信サービスや研修コンテンツの提供もしている。

なお同様の取り組みは中国においても，中国版ムーク（慕课）として進められている。2022年春に「国家スマート教育公共サービス・プラットフォーム（原語：国家智慧教育服務平台）」が設置された。これは基礎教育，職業教育，高等教育，大卒就職支援の4つの下位プラットフォームから構成され，全国のオンライン教育資源を選別・網羅している。2022年末に，この4つのプラットフォームに公開している中国のMOOC（慕课）の講義数は6.19万，登録している人は3.7億人に達したと教育部が公表している（教育部，2022.12.09）。

3．開放型高等教育の可能性と課題

以上に述べた開放型高等教育が，これからの社会で大きな発展の可能性を持つことは言うまでもない。特にMOOCは有名大学を起点とし，高度の内容を持ちながら，他大学あるいは大学外の人をも対象とする，という点で注目され，既存の高等教育を大きく変えるという見方も少なくなかった。ニューヨーク・タイムズ紙は2012年を「MOOCの年」と呼んだほどである。しかしそれから数年して，代表的なMOOCの利用者は縮小し始め，期待が過大であったことが明らかになった。その過程で明らかになったことはICTを用いる開放型高等教育の一般の問題点と課題を示している。

（１）MOOCモデルの基盤

MOOCモデルの基盤を考えるために，ICT利用が開放型高等教育を支えるメカニズムを考え直してみる必要がある。前述のように，放送を含めたICTの特徴は，大量の情報を不特定多数の対象に対して提供できることにある。さらにインターネットを用いれば，視聴者は希望に応じて何回も講義を受けることができることになる。理論上は１つの授業によって数千人，数万人の学生に一定の内容の教育を行うことが可能となる。大学の授業においてすでに提供されている知識は，それを外部に公開しても，公開のためのコストがかかるとしても，その価値が減るわけではない。むしろ知識が広範囲に理解され，受け入れられることによって，その価値をあげ，潜在的な需要が増す，といえるかもしれない。

MOOCのモデルはそれに加えて，一定の教師の講義が特に優れた内容であれば，受講者を引き付けることができるという確信があった。これまでの大学では，学生に教える授業科目については一定の教師をいわば強制してきたわけであるが，MOOCのような技術を用いれば，学生はそうした制約に縛られる必要がなくなる。日本の進学予備校では，特に優れた教え方をする「スター講師」が高給で優遇され，その授業が衛星等を使って配信されている例がある。予備校は効率性によって運営されているわけであるから，講師の個人的な力量が大きな差異をもたらすことを示しているのである。そうした点を考えれば，教師の選択を含めた授業の選択が可能となること自体が大きな意味を持っている。

またMOOCの初期の時点で想定されていたのは，これに何らかの公共性を持たせて，財政的に支えていくことができるという思想であった。

また大学にとってみれば「知識の府」としての大学が，率先して行動をとることはむしろ当然なのである。特に情報通信技術が学術的な発展の先端の１つであるとすれば，そうした活動に参加することは大学の社会的な義務とも見られる。情報化の趨勢は，きわめてダイナミックなものであり，一定の技術の発展がその応用を生み，それがまた新しい展開を生みだす。そうした過程の将来は見極めにくい。一般の情報通信技術の事業は，ベンチャーキャピタルが活発に参加し，新しい企業が設置されたり，淘汰されたりする形で進展していく。しかし大学はその本来の使命から考えると，そうした組織自体の新設・淘汰という道をたどりにくい。その中で，将来も自らの地位を確保しようとすれば，何らかの形で情報化の動きに参加することが不可欠となるのである。そうした意味で，大学の授業を公開すること自体が，大学にとって意味をもつ。

ただし，こうした公開教育をさらに大規模に運用しようとすれば，財政的な基盤が必要となる。そのために適当な課金制度を設けて，一定数の授業の受講を条件とすることによって，国際的な規模の大学を形成することも不可能ではない。そうすれば，MOOC は営利事業としても十分に成り立ち得ることになる。ベンチャーキャピタルがそのために出資を行っていることについてはすでに述べた。

しかし現実には，こうしたモデルはいくつかの重要な問題点を明らかにしつつある。それは何よりも受講者の脱落がきわめて多いという事実に表れている。アメリカの MOOC の多くで脱落率は９割以上に達するという。また一時急増していた参加者も減少，停滞する傾向がみられる。

（２）問題点

現実に現れている問題は，以下のように整理することができる。

①　学習効果・学習モチベーション

第 1 は学習者の側のモチベーションの問題である。前述の MOOC モデルの基本は，いわば大学教育の側の視点から発想されたものであるといえる。高度の内容をもつ，優秀な教師の授業を公開すれば，学生は当然にもそれに興味をもち，高い学習成果をあげる。言い換えれば，学生の側にきわめて高いレベルの講義への興味と学習のモチベーションがすでに存在していることが前提となっている。

しかしそれは現実的とはいえない。第 2 章で述べたように，教育は授業だけで成り立つのではなく，学生の学習こそが重要である。そして学習へのモチベーションをもたらすのは，教科内容や教え方だけではなく，学生と教師の間の相互作用が不可欠である。インターネットを介した授業には，そうした作用が十分ではない。また学習者の集団の中での相互作用も間接的なモチベーションやサポートを生み出す。

もちろん MOOC を提供する側もこうした問題を理解していないわけではない。インターネットを用いた教育・学習の理論と呼ぶものを発展させ，それをもとにさまざまな手段を用いているという。前述のように，例えば受講者と教師との間にインターネットでコミュニケーションを図る，といったことも行われる。既存の大学でもレポートに対してコメントを返す，といった作業が必ずしも十分に行われているわけではない。あるいは学生の提出物に，一定のソフトウェアによって必要なコメントを返すことも試みられている。既存の大学でも学生へのフィードバックが必ずしも十分でないことを考えれば，こうした手段にも一定の意味があると考えられる。また学習参加者は物理的には同一の空間にはいないものの，インターネットを通じて，メタバースの空間で，コミュニケーションがはかられる。

しかしこうした対策は少なくとも今までのところ，十分な効果を上げているようには見えない。もともとMOOCが想定していたきわめて広い範囲の受講者がある場合は，その実現は困難であるようにみえる。

② 学習成果の確認

第2は学生の学習成果の評価の問題である。従来の大学は，学生の授業への参加，試験の結果等をもとに学習の成果を評価し，それを修得単位として，学生が一定数の単位を蓄積することを卒業の条件としていた。これに対して情報通信技術を用いた授業ではこうした形での学習成果の確認が難しい。

これまでのインターネット大学等の例では，一定の場所・時間を指定して集団で監視のもとで試験を行う，何らかの責任ある人に委託して試験を行う等の方法がとられていた。さらに大量のレポートをソフトウェアで採点し，不正を発見する方法を開発すること，あるいはむしろ受講者同士で質問や議論を行わせて，それを相互評価することによって成績評価を行うこと等が提案されている。またさまざまな形で，IBT（Internet Based Testing），またはCBT（Computer Based Testing）が試行されている。

従来の大学での成績評価にも問題が多いことを考えれば，こうした方法が一定の効果を持ち得るという見方も可能である。しかしその場合でも，もし意図的に不正を行おうとすれば，かなり容易に行える可能性がある。アメリカにおける調査によれば，MOOCによって大学に混乱が生じると答えた大学は55%にのぼったが，それもこうした点に関わるものであろう。

③ 社会の信任

第3の問題は，教育の質の保証，学習の成果についての社会的な認知である。日本においては大学教育の質を維持するために，卒業までに修得する単位数やその形態について「設置基準」が設けられている。

従来からの郵便等を用いた大学の通信教育課程については，「大学通信教育設置基準」が設けられている。これによって，学位取得に必要な124単位のうち，30単位以上を面接授業（スクーリング）によって取得し，残りを印刷教材等による履修によって獲得できることになっていた。しかし2001年の大学通信教育設置基準の改正によって，「面接授業」の必要単位をインターネット授業によって満たすことが可能となった。したがって通信制課程では，すべてインターネットのみによる学士課程の学位取得が可能となったのである。現在のいわゆるインターネット教育課程・大学は，こうした制度的基盤に基づいている。

他方で，一般の対面授業を基本とする大学では，「大学設置基準」あるいは「大学院設置基準」を満たすことが条件となっていたが，こうした大学でも，インターネット授業を有効に用いることが重要になってきた。そのため，大学設置基準がまず1998年に改正され，「テレビ会議式の遠隔授業」が認められることになった。次いで2001年の改正では「インターネット等活用授業」が遠隔授業の範囲に含まれることになった。学士号の取得に必要な124単位のうち，60単位はこうしたオンライン授業によって獲得することができるようになったのである。

さらに2020年からのコロナ禍の中で，この上限を超えてオンライン授業の単位を卒業要件に入れることが可能となった。こうした経験から，2022年の大学設置基準の改正では，60単位の上限は制度としては残すものの，一定の要件を満たすオンライン授業については，60単位を超えて卒業要件に含めることができる特例を認めることになった。

このように日本の大学設置基準は，インターネットの導入に伴って大きく柔軟化され，それを利用して，インターネットを用いた教育課程・

大学も拡大してきた。

しかしこうした制度上の規定は，それによって十分な質的保証が行われていることを意味するものではない。大学設置基準の改正によって，大学の授業の一部を遠隔手段によって行うことを認めたために，実質的にはまったく対面授業を行わないで，単位の取得，学位の授与が可能となった。アメリカにおける大学教育の質的保証は適格認定（アクレディテーション：Accreditation）制度によって行われていることになっている。しかし質的保証を担当する適格認定団体の，遠隔教育に対する態度は，実はいまきわめて曖昧なものとなっている。それとは別に，時代の先端である情報通信技術を高等教育に導入することは，経済産業政策上もきわめて重要であり，それを制限することは政治的にきわめて困難なのである。

こうした状況は，MOOC の社会的な信任が確立しないことにつながり，ひいては学習者の参加，学習意欲の低下につながらざるを得ない。効果的な質的保証が今後も開発されていく必要がある。

（3）課題

以上のように，MOOC の試みそのものに関しては，大きなポテンシャルがあるとしても，それが大学教育全体を根本的に変える，というものにはなりそうもない。ただしそれは ICT を用いた開放型高等教育が大きな役割を果たすことを否定するものではない。また前述のように，これからの社会においては学校・大学を超えて教育・学習の機会が開かれることは不可欠であり，そこに ICT が重要な役割を果たす。こうした視点から重要なのは ICT の特質をどのように活かすかという点である。

1つ明らかなのは，社会に出る前の若者の教育機関としての，大学が持つ伝統的な教育機能を，ICT によって完全に代替することは難しい，という点である。従来の，若い学生が一定の期間（4年間）に一定の教育課程の中で学習するという大学制度は，さまざまな問題をはらむことは事実であるが，やはり高い機能を持っており，社会の評価の頑健さも反映するものであろう。ICT にはその機能性をさらに高めるための重要な役割がある。

むしろ ICT が独自の役割を発揮するのは，一定の具体的な学習目標を明確にもつ社会人を対象とした教育である。前述のように，情報化社会ではそうした社会人の学習需要はきわめて急速に拡大しつつある。ただし成人の教育需要について認識しておかねばならないのは，それがきわめて異質な要求の集まりである，という点である。個人の立場によってもその教育要求は異なる。職業で要求される知識・技能の修得，現在の職場で得られる知識を超えて自分の立場を再認識し，将来のキャリアを構想するための知識，退職後の生活を豊かにするための学び，しかも具体的に要求される知識・技能はきわめて多くの分野に及ぶ。それを掘り起こして，1つの教育プログラムと教育課程を設定することは容易ではない。またその教育課程における学習成果をどのように定型化し，認定するか，またそれを社会的な認知にどのように結びつけるかも重要な点である。

アメリカでは，大学教育をまず学士，修士等の学位を基準に考えるのではなく，個別の職業能力に応じた教育単位（モジュール）として設定し，それを組み合わせて学位とする，という考え方も影響力を持っている。またそれに対応して従来の授業時間と学習時間を基礎とする履修「単位」制ではなく，学習成果をさまざまな形で認定する「アウトカム基準」の履修評価も考えられる。オンライン大学の代表的事例として設立されたウェスタンガバナーズ大学は，そうした方向での試行を行っている（中川・苑 2022：144）。

こうした考え方が一般化するか否かはわからない。しかしそこに全く可能性がないわけではないことは事実である。いずれにしても，ICT を用いた開放型の高等教育は，情報通信技術を出発点としながらも，社会からのニーズと大学教育とをどのように結びつけるかという課題を，その基本にまでさかのぼって検討することを必要とされているのである。

参考文献

イギリス公開大学ホームページ　https://www.open.ac.uk/（2023.04.08 確認）
荆徳剛（2023）「高質量発展背景下開放大学転型探索与思考」山東開放大学学報 2023 年第 1 期
国家高等教育智慧教育平台　https://higher.smartedu.cn/（2023.04.08 確認）
中川一史・苑　復傑（2022）『教育のための ICT 活用』放送大学振興協会
日本放送大学ホームページ
https://www.ouj.ac.jp/about/ouj/corporate/（2023.04.08 確認）
中国教育部「2022 世界慕课与在線教育大会在線上挙行」
http://www.moe.gov.cn/jyb_xwfb/gzdt_gzdt/s5987/202212/t20221209_1028748.html（2022.12.09 確認）
中国国家開放大学ホームページ
http://www.ouchn.edu.cn/index.htm（2023.04.06 確認）
“coursera 2021 Impact Report: Serving the world through learning”
https://about.coursera.org/press/wp-content/uploads/2021/11/2021-Coursera-Impact-Report.pdf（2023.04.08 確認）
“edx 2022 Impact Report 10 Years 10 Mantras”
https://impact.edx.org/2022（2023.04.08 確認）

9 メディアを活用した授業づくり

中川 一史

《目標&ポイント》 メディアは，情報通信技術に限らない。本章では，さまざまなメディアを活用した授業づくりについて，事例を示すとともに，その工夫や留意点などについて検討する。
《キーワード》 さまざまなメディア，授業づくり，事例，工夫，留意点

1．さまざまなメディアと授業づくり

メディアは，情報通信技術に限らない。本節では，まず，映像情報と言語情報を関連させた学習活動について述べる。特に，写真や挿絵・イラストなどの映像メディアは，どの教科・領域においても，イメージを拡張する場面や情報を補完する場面，考えを整理するために視覚化する場面などに欠かせない。

また，ICT を活用した学習活動については，特に，第2章から第8章までで紹介してきたが，本章では，映像メディアと言葉・文章を関連させた学習活動や映像での理解や表現を取り入れた学習活動に関して述べていきたい。

（1）映像メディアと言葉・文章を関連させた学習活動

国語科においての「話す・聞く」「書く」「読む」それぞれの領域においても，映像情報は欠かせない。物語的な文章教材ではイメージの拡張に挿絵が配置されたり，説明的な文章教材では，情報の補完に図表や写

真が配置されたりしている。また，何かを示しながら話す活動や映像メディアと言葉・文章を組み合わせて書く活動などが，教科書上でもたくさん登場する。国語科での映像メディアの活用について教師が意識できるように，「見ること（映像メディアを読み取る）」「見せること・つくること（示しながら話す）」「見せること・つくること（組み合わせて書く）」について示したのが，表9-1，9-2，9-3である。

表9－1　国語科での映像メディアの活用（1年・2年）

1年・2年
見ること「映像メディアの読み取り」
・絵や写真の構成要素を比較する
・絵を見て気づいたことを言葉にする
・絵や写真と文章を対応させながら読む
見せること・つくること「示しながら話す」
・絵に描いて提示したり，実物や写真を提示したりしながら話す
・話す順序や事柄に合わせて，実物や絵，写真を指し示しながら話す
見せること・つくること「組み合わせて書く」
・絵を描いて報告・説明する文章を書く
・写真や絵を用いて，記録する文章を書く
・絵から想像を広げて，物語を書く

表9－2　国語科での映像メディアの活用（3年・4年）

3年・4年
見ること「映像メディアの読み取り」
・絵や写真の構成要素を分類する
・写真や図表から分かったことを言葉や文章にする
・絵や写真，図表と文章の組み合わせの効果について理解する
見せること・つくること「示しながら話す」
・内容に合わせて，実物・絵・写真・図表などの資料を使って理由をあげて説明する
・発表に必要な資料を作成して示しながら話す
見せること・つくること「組み合わせて書く」
・テーマに合った写真を選択し，報告・説明する文章を書く
・写真や図表と文章との整合性を考えて，新聞やリーフレットなどを制作する
・イラストや地図などから発想して，条件や設定を考えて物語を書く

表9－3　国語科での映像メディアの活用（5年・6年）

5年・6年
見ること「映像メディアの読み取り」
・複数の図表やグラフ，写真を合わせて読み取る
・様々なメディアを使用する送り手の意図を吟味する
・絵や写真，図表と文章が補完しあう効果について理解する
見せること・つくること「示しながら話す」
・図やグラフを示しながら根拠をあげて説得する
・表現の効果を意識しながら発表に必要な資料を作成して示しながら話す
見せること・つくること「組み合わせて書く」
・様々な資料からテーマに合ったグラフや表を引用して，報告・説明する文章を書く
・絵や写真，図表などを効果的に組み合わせ，配布物を制作する
・ストーリーに合った写真などを選び，効果的に活用しながら創作する

(2) 端末のカメラ機能で撮って活用する4つのケース

学校に整備されたICT機器の中で，児童生徒に映像（静止画，動画を問わず）の理解と表現に関係するのが，端末についているカメラ機能だ。どんな機種を選定しても，これは必ずついてくる。

カメラ機能を学習活動として活用する場合，大きく分けて4つの目的がある。

1つ目は，「確認」だ。発音の様子を録音・録画して後で確認する，端末上の思考ツールやデジタル教科書本文の横に書き込む，などだ。あくまでも自分の確認のために使い，思考を深め，広げることに活かす。2つ目は，「紹介」だ。「高学年の子どもがクラブ活動の様子をこれから参加する4年生に紹介する」「他の地域の子どもたちに自分の地域のウリを紹介する」「家族紹介を英文で書き，その英文をもとにして家族紹介動画制作する」などがある。大人も，例えばSNSなどでよく自身が制作した動画や静止画をアップすることがあるのがまさに「紹介」である。

3つ目は，「説明」だ。自分の意見の主張の補完資料として，動画や静止画を制作・配置し，それを提示する。児童生徒1人1台の端末が整備されて，理由や根拠を示すのによく使われるようになった。そして4つ目は，「創造」だ。いわゆる作品づくりである。「パラパラアニメーションを作る」「アリの世界を動画にする」「おもしろCMを制作する」などである。創造のプロセス自体に重きを置く場合である。

ただ，自分の「確認」のために始めても，その後，「紹介」や「説明」に発展することはよくある。

また，これまでわれわれが使うツールは，メモはメモであったし，プレゼンはプレゼンだった。紙にメモしたものでそのままプレゼンすることはあまりなかった。しかし，端末で自分なりにメモしたものをそのまま隣の友だちやグループでの話し合いの資料に活用することもありうる

(図9-1)。このように，メモ的であることとプレゼン的でもあることが，シームレスな機能やアプリが児童生徒の周りにはどんどん増えていっている。

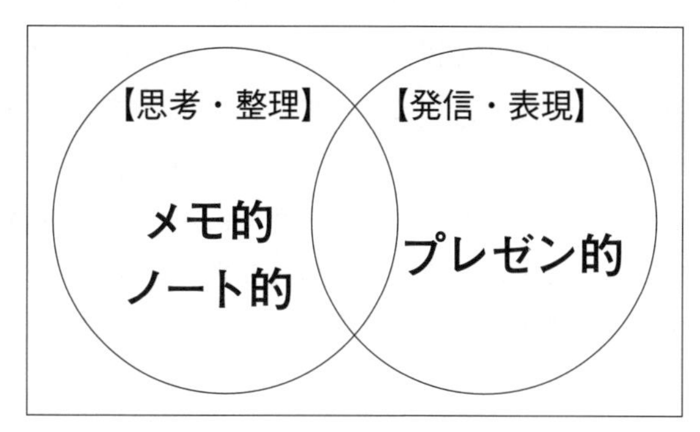

図9-1　シームレスな活用

これらの指標や特徴を踏まえて，映像メディアと言葉・文章を関連させた学習活動を円滑に行うことが重要である。

2. さまざまなメディアを活用した授業づくり事例

本節では，「映像と言葉・文章を関連させた学習活動」「映像での理解や表現を取り入れた学習活動」について，事例を紹介する。

(1) 映像と言葉・文章を関連させた学習活動

〈事例1〉小学校3年・国語「はっとしたことを詩に書こう」

フォトポエムは，写真と言語を組み合わせたマルチモーダル・テクストの1つである。詩の創作活動の楽しさを実感させるために，写真と詩を組み合わせたフォトポエムの創作活動を行う。フォトポエムの制作は，写真撮影，詩の創作，写真と詩の組み合わせの3つの活動で構成される。

写真撮影の場面では，視点を変えて対象を見つめ直し，新たな気付きを促したり，五感で感じた感動を意識化したりすることができる。詩の創作の場面では，写真から言葉を引き出し，写真と照らし合わせながら言葉を吟味することができる。写真と文字の組み合わせの場面では，文字の色・フォント・大きさ・位置などのデザインの工夫による，表現の効果を感得することができる。また，創作したフォトポエムを相互評価することで，一人ひとりの感性や表現のよさを認め合うことができる。

これらの活動を通して，写真と言葉の相補的・相乗的な関係により意味構築されていることや，写真と言葉の非類似性が大きいほど重層的な意味解釈が生まれることを，児童の発達段階に応じて理解させることができる。

写真９－１　子どもの作品

〈事例２〉小学校６年・国語「リーフレットを作ろう」

「情報を読み手に分かりやすく伝えるために，絵や図と言葉を関係付けたり，リーフレットの形式を活かしたりして，効果的に書き表すことができる。」ことをねらいとして，保護者に運動会の頑張っている自分の姿をよりよく記録してもらうこと，そして，運動会がより楽しめるようにすることを目的としたリーフレット制作を行った。

相手意識と目的意識をしっかりと持たせ，保護者の立場でどのような情報が必要なのか考えさせ，必要な情報を取捨選択させた。また，絵や図と言葉の働きを意識させ，リーフレット形式を生かした表現を工夫させた。出来上がったリーフレットを実際に保護者に活用してもらい，リーフレットの効果を評価してもらった。

リーフレットは役に立ちましたか？	◎
わかりやすく，見やすいリーフレットになっていましたか？	◎
知らなかったとっておき情報を入れることができましたか？	◎
お子さんの運動会に対する思いが伝わりましたか？	◎
リーフレットを見て，運動会をより楽しむことができましたか？	◎

おうちの人の一言感想　6年間の運動会で初めてリーフレットを作ってもらい，大勢の中から探すのに，大変役立ちました。運動会を，楽しもうと，頑張っているのが，よく分かりました。来年からは，全学年作ってほしいです。他のクラスのお母さん達もうらやましいと言ってましたよ。

おうちの人の評価を見ての，自分の感想
お母さんからも役に立ってよかったです。それに，リーフレットがあったから，すぐに，お母さんやお父さんが見ていることがわかりました。もしよかったら，中学校でも運動会のリーフレットを作って，お母さんに，またまた，自分の場所教えて役に立たせて楽にしてあげたいです。それに，他のクラスのお母さんからもうらやましがってもらったのでそれほど役に立たかもしれないので，ものすごくうれしくてたまりません。

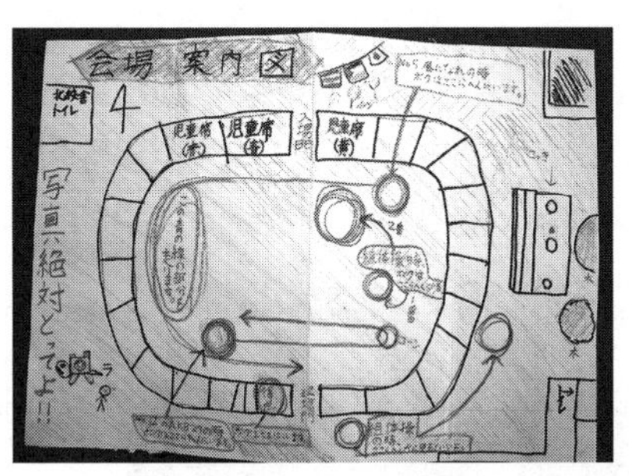

写真９－２　子どもの制作したリーフレットと保護者の評価

（２）映像での理解や表現を取り入れた学習活動

〈事例３〉小学校２年・生活「まちをたんけん　大はっけん～みどりのまちのいいところを紹介しよう～」

普段何気なく見ている自分のまちのよさに気づけるようにするため，直接地域にかかわる活動と気づきを表現する活動を充実させて，子どもの気づきの質を高めた。まず，子どものまち探検への思い（こだわり）を高める授業展開として，2次ではクラスでのまち探検を通してさまざまな発見と疑問を共有できるようにし，3次ではその発見や疑問をもとにして，もっと調べたい「こだわり」グループでのまち探検を実施した。

用水グループは，「みどりのまちの用水は飲めます。地下100メートルからくみ上げているからです」と紹介して動画を見せる。視聴後には準備していた地下水を全員で飲む。ポンプから流れ出る水の勢いや音，透明感を動画は伝えていた。地下100メートルの量感はあやしいが，映像と手元の水から，少なくとも「みどりのまち」の地下には，飲めるほどきれいな水があることは共有できたのではないかと考える。この後発表した健民プールグループも「プールの水は井戸水」との情報をプールの写真とともに伝えたこともあり，学習記録カードに初めて「みどりのまちのいいところ」として「地下水」という言葉が登場してきた。

地下水が湧き出る動画やきれいなプールの写真だけでなく，6つのグループはそれぞれに映像を使って「いいところ」を紹介していた。映像は子どもの言語表現を支える1つのアイテムになる。2年生の子どもにもタブレット端末を使うことで映像の活用が容易にできた。

写真9－3　視聴した映像と活動の様子

〈事例4〉小学校5年・社会「さまざまな自然とくらし」

沖縄と北海道の小学校との交流学習を核とした，暖かい地方や雪の多い地方に住む人々のくらしについての学習を通して，情報社会におけるコミュニケーションの1つとしてのテレビ会議での関わり方を実践的に学んだ。

北海道の学校との交流では，北海道の3年生の総合的な学習で調べた「雪」に関する発表を聞いた。発表から気付いた自分たちの地域と雪の多い地域との生活や文化の違いや疑問をもとに，学習課題を設定した。自分たちの地域から見た北海道のよさや生活文化の工夫について伝えることを目的に伝え方を工夫することができた。調べた内容は，協働ツールを活用して新聞形式にしてまとめて伝えた。また，その内容の正誤や感想やコメントを交流校が書き込みを行った。その後，今度は自分たちの生活や文化についてテレビ会議システムを使って，北海道の3年生に伝える活動を行った。学年の違う3年生はどのような生活や文化に興味

写真9-4　活動と書き込みの様子

実践情報および資料提供：
事例3：海道朋美氏（実践当時：金沢市立田上小学校）
事例 1， 2， 4：石田年保氏（実践当時：松山市立椿小学校）

を持つのかを予想し，グループごとにテーマを設定し伝え方を工夫した。児童はテレビ会議というメディアの特質を理解し，それに合わせた伝え方について考えることができた。これらの活動を通して，メディアの特質に合わせた表現方法についての理解を深めるとともに，自己や自分の地域のよさについての気付きを深めることができた。また，携帯端末の向こう側には人がいるという感覚を感得することができた。

3．さまざまなメディアを活用した授業づくり留意点

メディアを活用した授業づくりにおいて，情報通信技術を活用する上で，どのような留意点があるだろうか。

(1)「理解」と「表現」の行き来を意識させる

これまで述べてきたように，児童生徒が適切にメディアを活用していくには，理解するだけでも，表現するだけでも充分とは言えない。情報を読み取る，読み解くことで，表現活動時に，受け手の情報などを踏まえて表現する力や自分の考えを効果的に伝達する力となる。また，表現活動を経験することで，情報を的確に把握する力や自分に必要な情報を選択する力となる（図9-2)。

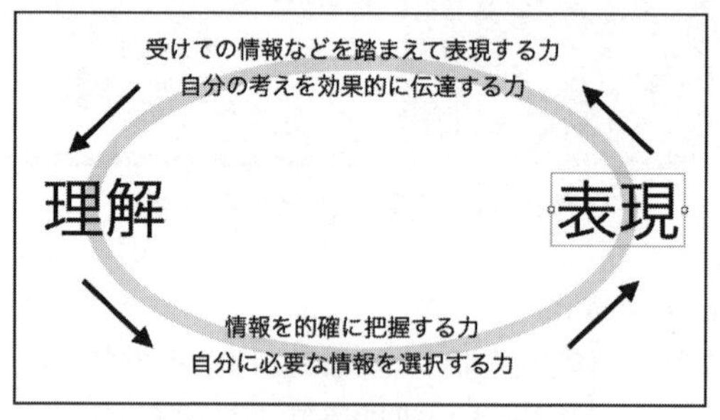

図9－2　理解と表現の往還

（2）相手意識と目的意識をしっかりとおさえさせる

現在，国語科を中心に，図表などを示しながら友だちに説明したりする学習活動，新聞・ガイドブック・リーフレット・パンフレットなどで写真やイラスト，図表などと文章を組み合わせて作る学習活動などが多く見受けられるようになった。このような活動では，相手意識と目的意識をしっかりとおさえていなかった場合，すべての活動が曖昧になってしまう。表面的に「調べる」「まとめる」「発表する」活動のみをさせている授業は，指導案の計画通りには進んでいるかもしれないが，相手は誰で，内容についてどこまで知っているのか，活動のゴールは何なのか，教師がどのように介在するのか，メディアとどのように対峙するのかなどにしっかりと踏み込むことが重要である。そのことが深い学びにつながるからである。

参考文献

中川一史（監修）／国語と情報教育研究プロジェクト（編著）（2015）『小学校国語　情報・メディアに着目した授業をつくる』光村図書出版

10　メディア教育で育むメディア・リテラシー

中橋　雄

《目標&ポイント》 本章では，メディア教育によって育まれるメディア・リテラシーという能力の概要について解説する。まず，先行研究を参照しながらメディア・リテラシーという言葉の定義について整理する。また，ICTによるコミュニケーションの変化を踏まえ，ソーシャルメディア時代のメディア・リテラシーについて研究する重要性について検討する。
《キーワード》 メディア，リテラシー，定義，ICT，デジタルネイティブ

1．はじめに

2023年現在，学習指導要領ではメディア・リテラシーという言葉が使われていないが，社会科，情報科，国語科など，文部科学省の検定を受けた初等中等教育の教科書のうち，この言葉が使われている出版社のものもあり，数年前と比べて一般市民にも認知される言葉になってきた。また，パンフレット，新聞，ポスター，ビデオなどを制作する学習活動の例が教科書や指導書の中で示されている。そうした学習活動を通じてメディアの特性について学び，メディア・リテラシーを育むメディア教育を実現している事例もある。

日本におけるメディア・リテラシー（Media Literacy）という言葉は，「メディアにだまされないように情報を批判的に読み解き，情報の真偽を確かめることができる能力」として認識されていることが多い。しか

し，学術的な整理を紐解くと，それが一面的なものの見方であることがわかる。その能力が求められる理由，言葉の定義や能力の構成要素は，もっと多様であり，複合的な概念として整理されている。

学校教育の現場においては，メディア・リテラシーを育むためにメディア教育（Media Education）の実践と研究が行われてきた。ただし，その目的や方法が世界共通，あるいはわが国において全国共通のものとして定められているわけではない。その重要性を認識している教師や研究者によって試行的に実践と研究の蓄積が行われてきたといえる。それだけに，まずは，その概念について知ることが重要だと考えられる。

本章では，「メディア・リテラシー」とは，どのような意味を持つ言葉なのか。なぜメディアについて学ぶ必要があるのか。教育とどのような関わりがあるのかということについて説明する。そのために，まず「メディア」という言葉と「リテラシー」という言葉が持つ意味を理解しておく必要がある。

2．メディアとは

英語のメディア（media）は，メディウム（medium）の複数形であり，辞書では，「（伝達・通信・表現などの）手段，媒体，機関」，「媒介物，媒質，媒体」，「中位，中間，中庸」，「中間物」などといった言葉で説明されている。また，水野（1998）は，私たちがメディアという言葉を使う時に指し示すものを次のように整理するとともに，こうした要素が組み合わさって機能する１つのシステムとして「メディア」の概念を捉える重要性を指摘している。

①何らかの「情報」を創出・加工し，送出する「発信者」
②直接的に受け手が操作したり，取り扱ったりする「（情報）装置」

③そのような情報装置において利用される利用技術や情報内容，つまりソフト
④情報「発信者」と端末「装置」あるいは利用者（受け手）とを結ぶ「インフラストラクチャー（社会基盤）」もしくはそれに準ずる流通経路

1つめの「発信者」は，情報を媒介する「人」をメディアの一部として捉えている。例えば，マスコミに携わる人は，社会的な役割として「メディア」と呼ばれることがある。

2つめの「装置」は，情報を媒介する「もの」をメディアの一部として捉えている。例えば，ラジオ機器，テレビ受像機，パソコン，スマートフォン，書籍や紙などを「メディア」と呼ぶことがある。

3つめの「情報内容」は，意図的に構成された「メッセージ」をメディアの一部として捉えている。例えば，ニュース番組，ドキュメンタリー，ドラマ，コマーシャルなどを「メディア」と呼ぶことがある。

4つめの「インフラストラクチャー」とは，技術的・社会的に取り決められた「仕組み」をメディアの一部として捉えている。例えば，郵便，放送，通信といった情報網を「メディア」と呼ぶことがある。

このように，「メディア」という用語は，それが指し示すものや，その用語が用いられる文脈によって意味を変える多義的なものである。そして，日常会話の中で個々の要素を指して「メディア」と呼ぶことはあるが，それはあくまでもメディアを構成する要素でしかない。これらの要素が組み合わさり，送り手と受け手の間を媒（なかだち）する1つのシステムとして機能するものを「メディア」として捉える必要がある。

例えば，テレビ受像機は，人によって番組が制作され，放送として流れることによって，送り手と受け手の間を媒介するメディアとなりうるが，そのように機能しないのであれば，メディアではなく，ただの箱で

しかない。私たちは，「メディア」を「出来事や考えを伝えるために送り手と受け手の中間にあって作用するすべてのもの」という概念として捉える必要がある。

3. リテラシーとは

次に，リテラシー（literacy）という言葉の意味について説明する。一般的にリテラシーは，「文字を読み書きする力」「識字能力」と捉えられている。文字を読み書きできないことを意味するイリテラシー（illiteracy）という言葉と対をなすものであり，リテラシーがないと社会生活で不利益を被ることになるような，最低限必要とされる能力という捉え方をされることがある。しかし，歴史的変遷の中で，その捉え方も広がりのあるものになってきている。

教育統計の目的で使用されているリテラシーの定義は1978年のユネスコ総会で採択された。「リテラシー：日常生活に関する簡単かつ短い文章を理解しながら読みかつ書くことの両方ができること」という基礎的なものに加え，「機能的リテラシー：そのものが属する集団及び社会が効果的に機能するため並びに自己の及び自己の属する社会の開発のために読み書き及び計算をしつづけることができるために読み書き能力が必要とされるすべての活動に従事することができること」までも含めて捉えられてきている（中山1993：85）。

つまり，「リテラシー」とは，単なる識字能力だけを意味するのではなく，能動的に社会にかかわり課題を解決して社会を開発していけるだけのコミュニケーション能力まで含むということである。

このように「メディア」と「リテラシー」という用語は，どちらも解釈の幅を持った多義的な言葉である。そのため，その2つの用語の組み合わせで成り立っている「メディア・リテラシー」という言葉も，使われる文脈に応じて意味を変える多義的な言葉であるといえる。つまり，どのような時代背景のもとで必要性が語られているのか，どのような立場の人が必要性を語っているのか，その文脈によって意味を判断しなければならない用語なのである。

そこで，これまでに研究者などによって示されてきたメディア・リテラシーの定義について例を挙げて理解を深めていきたい。

4．メディア・リテラシーの定義

まず，鈴木（1997）は，「メディア・リテラシーとは，市民がメディアを社会的文脈でクリティカルに分析し，評価し，メディアにアクセスし，多様な形態でコミュニケーションを創り出す力を指す。また，そのような力の獲得を目指す取組もメディア・リテラシーという。」とメディア・リテラシーを定義している。これは，メディアの分析，評価に力点がある。主にマスメディアに対する受け手としての市民に求められる能力を想定した表現であるといえよう。

次に，水越（1999）は，「メディア・リテラシーとは，人間がメディアに媒介された情報を構成されたものとして批判的に受容し，解釈すると同時に，自らの思想や意見，感じていることなどをメディアによって構成的に表現し，コミュニケーションの回路を生み出していくという，複合的な能力である。」と，表現能力を重視することまで含めて定義している。

さらに，こうした日本の代表的な研究者の定義の共通点と相違点を踏まえた上で，中橋（2014）は，「（１）メディアの意味と特性を理解した上で，（２）受け手として情報を読み解き，（３）送り手として情報を表現・発信するとともに，（４）メディアのあり方を考え，行動していくことができる能力」のことであると再定義している。これは，能動的に社会にかかわり課題を解決して社会を開発していけるだけのコミュニケーション能力の要素を重視している定義だといえる。

このように，時代や立場によって，求められるメディア・リテラシーの捉え方，力点の置かれ方は異なる。メディア・リテラシーとは，マスメディアとしての大手企業が従事しているマスコミュニケーションのみを対象とした能力だけを指すものではない。手紙や電話のように相手が特定されたパーソナルコミュニケーションも含む。さらには，インターネットのように不特定多数の人と関係性を築くことができるネットワーク型のコミュニケーションも含む。それだけに，「誰のための・何のための・どのようなメディア・リテラシーなのか」を絶えず確認し，その意味するところを共通認識する必要がある。

山内（2003）は，デジタル社会において必要不可欠な素養として主張されているリテラシーには，「情報リテラシー」「メディアリテラシー」「技術リテラシー」という3つの流れがあるとしている。そして，その重点の置き方が異なる3つのリテラシーが，どのように関係しあっているのかについて図10 - 1のように整理している。

情報リテラシーは，人間が情報を処理したり利用したりするプロセスに注目し，情報を探すこと・活用すること・発信することに関するスキルを身につけることをねらいにしている。メディア・リテラシーは，人間がメディアを使ってコミュニケーションを図る営みを考察し，メディアに関わる諸要因（文化・社会・経済）とメディア上で構成される意味の関係を問題にしている。技術リテラシーは，情報やメディアを支える技術に注目し，その操作および背景にある技術的な仕組みを理解することを重視している。

こうした3つの流れは，それぞれに範囲を広げながら発展しているため重なり合う領域は大きくなってきている。そうしたことから，それらの共通点と相違点を十分吟味せずに，混同されて用語が用いられることがある。本来必要とされるはずの能力が見落とされることがないように，区別すべきものは区別して捉えることが重要である。

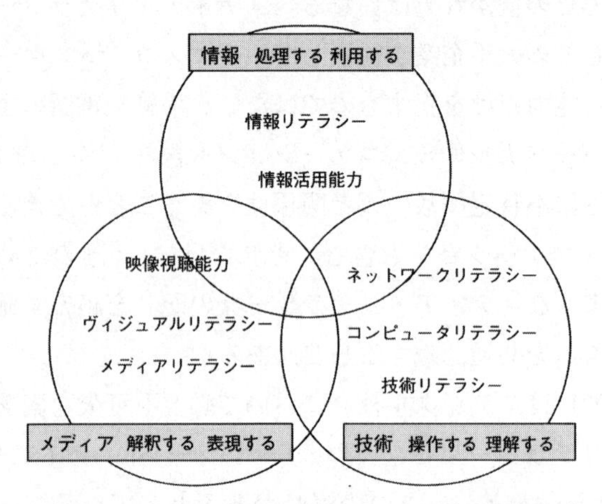

図 10－1　情報・メディア・技術のリテラシーの相関図（山内 2003）

5．メディア・リテラシーの構成要素

以上のようなメディア・リテラシーの定義からもわかるように，メディア・リテラシーは複合的な能力であるとされている。では，このメディア・リテラシーという複合的な能力は，どのような能力項目から構成されているのだろうか。その構成要素について考えていきたい。

Meyrowitz（1998）は，メディアの多様な概念理解のために，少なくとも次の 3 つの異なるメディア・リテラシーの存在を理解する必要があるとしている。

①メディアから表現されている情報内容を読み書きできる力
②メディア文法を読み書きできる力
③メディア（媒体）が構成するコミュニケーション環境の特徴を読み書きできる力

情報内容の理解のみならず，表現の工夫や意図，そのメディアが持っている可能性や限界などの特性によってコミュニケーションの質が変わることを理解する重要性が指摘されている。

また，水越（1999）は，メディア・リテラシー論には，①マスメディア批判の理論と実践，②学校教育の理論と実践，③情報産業による生産・消費のメカニズムという3つの系譜があるとしている。そして，メディア・リテラシーは，それらの系譜を背景とする次の3つの能力が相互補完的に複合されたものと説明している。

- メディア使用能力：ビデオカメラの撮り方がわかったり，ワープロが使えたりする。
- メディア受容能力：テレビ番組や新聞記事を，送り手の言うとおりに鵜呑みにはせず，批判的に読み解いていく。
- メディア表現能力：メディアを用いて自分自身やグループの意見を発表したり，議論の場をコーディネートできる。

そして，旧郵政省（2000），現総務省が公開した「放送分野における青少年とメディア・リテラシーに関する調査研究会報告書」におけるメディア・リテラシーの構成要素は，複数の要素からなる複合的な能力で，次のように説明されている。

①メディアを主体的に読み解く能力。

ア．情報を伝達するメディアそれぞれの特質を理解する能力

イ．メディアから発信される情報について，社会的文脈で批判的（クリティカル）に分析・評価・吟味し，能動的に選択する能力。

②メディアにアクセスし，活用する能力。

メディア（機器）を選択，操作し，能動的に活用する能力。

③メディアを通じてコミュニケーションを創造する能力。

特に，情報の読み手との相互作用的(インタラクティブ)コミュニケーション能力。

中橋（2014）は，新聞・雑誌・テレビ・ラジオなどのマスメディア対個人という関係性の中で情報を批判的に読み解くということが中心的課題とされてきたメディア・リテラシーに加え，インターネットやソーシャルメディア時代に対応したメディア・リテラシーの構成要素を次のような7カテゴリー21項目に整理した。これらのうち，（3）と（4）は主に受け手として，（5）と（6）は主に送り手として，（1）と（2）と（7）はその両方に関わる能力項目である。

（1）メディアを使いこなす能力

a．情報装置の機能や特性を理解できる

b．情報装置を操作することができる

c．目的に応じた情報装置の使い分けや組み合わせができる

（2）メディアの特性を理解する能力

a．社会・文化・政治・経済などとメディアとの関係を理解できる

b．情報内容が送り手の意図によって構成されることを理解できる

c．メディアが人の現実の認識や価値観を形成していることを理解できる

（3）メディアを読解，解釈，鑑賞する能力

a．語彙・文法・表現技法などの記号体系を理解できる

b．記号体系を用いて情報内容を理解することができる

c．情報内容から背景にあることを読み取り，想像的に解釈，鑑賞できる

（4）メディアを批判的に捉える能力

a．情報内容の信憑性を判断することができる

b．「現実」を伝えるメディアも作られた「イメージ」だと捉えることができる

c．自分の価値観に囚われず送り手の意図・思想・立場を捉えることができる

（5）考えをメディアで表現する能力

a．相手や目的を意識し，情報手段・表現技法を駆使した表現ができる

b．他者の考えを受け入れつつ，自分の考えや新しい文化を創出できる

c．多様な価値観が存在する社会において送り手となる責任・倫理を理解できる

（6）メディアによる対話とコミュニケーション能力

a．相手の解釈によって，自分の意図がそのまま伝わらないことを理解できる

b．相手の反応に応じた情報の発信ができる

c．相手との関係性を深めるコミュニケーションを図ることができる

（7）メディアのあり方を提案する能力
a．新しい情報装置の使い方や情報装置そのものを生み出すことができる
b．コミュニティにおける取り決めやルールを提案することができる
c．メディアのあり方を評価し，調整していくことができる

以上のように，複数の構成要素からなるメディア・リテラシーをどのように捉えるかということについても，いくつかの整理がある。これらを踏まえてメディア・リテラシーの概念を把握する必要がある。

6. ICT とメディア・リテラシー

現代社会におけるメディア・リテラシーについて考えるにあたり，無視できないのがICT の存在である。さまざまな分野にICT が導入されたことで，人と人との関わり方，社会の構造が大きく変化しつつある。例えば，Facebook や Twitter（現在は名称がXになった）などが政治家の選挙戦略に使われたり，市民によって政治批判やデモの呼びかけに使われたりした事例は，社会的にも，政治的にも大きな影響力があるものとして機能したことを感じさせる。

もちろんマスメディアを担ってきたマスコミ業界も既存の媒体を活かしながらICT の活用を進めているが，一般の市民が情報発信できる環境が生まれることによって，人と人との関係性はこれまでと異なるものになった。企業に限定されない情報発信が増えることには，多様なものの見方や考え方に気づかせてくれるよさがある。その一方で，自分が好む情報を選択して受容したり，発信したりできる環境は，気づかないうちに極端な考えばかりに触れるという状況も生み出す。とりわけ，「商

業主義的なものや暴力的な内容の情報」「政治的な思想をコントロールしようとする情報」「真偽が不確かな情報」「表現が稚拙で人を不快にさせる情報」などに触れる機会が増えることによる影響力について注意しておく必要がある。そうした情報環境にあることを自覚しないまま情報の発信・受容をし続けることで，偏見や差別，争いや混乱，社会の分断が生じることも危惧されている。現代社会を生きる人々には，こうした状況を踏まえたメディア・リテラシーを身につけることが求められる。

歴史的な変遷の中で，技術開発が進み，表現技術の工夫が蓄積され，情報の流通経路，情報の発信者も多様化している。メディアを介したコミュニケーションが，人をつくり，文化をつくり，社会をつくり，そして，また新しいメディアをつくる，こうした循環の中にわれわれは存在している。このような観点を持ってICT時代のメディアに関わる事象を捉えなおすことが，メディア・リテラシーを高めることにつながる。

7．デジタルネイティブと価値観

ICTによって実現したソーシャルメディアは，実際に会ったことのない人同士がつながることを可能にした。例えば，SNSによって，つながりをつくりやすい環境が生まれている。そのような環境では，世代や地域を越えて自分にない能力を持った人に仕事を依頼したり，協力して複雑な課題解決をしたりすることができる。それまでになかった創造的な営みが生じることとなった。

しかし，価値観の異なる人々が共存し，1つの社会を形成していくためには，お互いの価値観が異なることを認める努力が必要になる。価値観の相違は，混乱や争いを生じさせる危険性がある。価値観の相違を生み出す要因にはさまざまなものがあるが，その1つとして世代間のギャップがある。物心がついた時には，すでにICTが身の周りに存在していた世代のことを「デジタルネイティブ」という言葉で表現することがある。ICT が普及していなかった時代を生きてきた人々とは，思考の仕方やライフスタイルが異なることから，価値観にも影響があると考えられている。ハーバード大学ロースクールのパルフレイ氏は，デジタルネイティブについて次のような特徴を挙げている（三村ら 2009）。

1．インターネットの世界と現実の世界を区別しない。
2．情報は，無料だと考えている。
3．インターネット上のフラットな関係になじんでいるため，相手の地位や年齢，所属などにこだわらない。

こうしたデジタルネイティブ世代の価値観とデジタルネイティブ以前の世代が持つ価値観は，大きく異なると言われている。つまり，デジタルネイティブ以前は，インターネットの世界と現実の世界を区別しようとしたし，情報は有料だと考えていた。そして，地位や年齢や所属にこだわる価値観を持っていたと考えられている。

また，こうした価値観の違いは世代の違いだけでなく，文化圏の違いによっても大きく異なることが予想される。ICT の持つ新しい可能性を活かすために，このようなメディアに関わる世界観や価値観の違いにも目を向けていくことがICT 時代のメディア・リテラシーに求められることだといえる。

8．実践事例

山田秀哉氏（当時，札幌市立稲穂小学校・教諭）は，「5年 社会 これからの自動車づくり」の授業でFacebook を活用する試みを行った。この実践は，子どもたちが考えた「未来の車」を紹介するリーフレットとプレゼンシートを制作するというものである。

4 名程度を 1 チームとして計 7 チームそれぞれが独自の会社から新車を発表するという設定で学習が進められた。新車の企画開発担当者となった子どもたちは，現在どのような車が作られているのか，教科書，資料集，ホームページなどを調べて学ぶ（図 10 - 2 ）。

図 10 – 2　チームで調べてまとめる活動（著者撮影）

それを踏まえ，子どもたちは，消費者のニーズを知るためのアンケートを作成する。そのアンケートは，学年の子どもたち，学校の職員，保護者等といった身近な人だけでなく，教師と Facebook でつながりのある遠方の協力者からも回答を得た。Facebook 上で教師が協力を呼びかけ，それに応えた協力者約 100 名が参加登録をした。協力者の職種・年代・居住地域は多様であった。

アンケート調査結果から，車選びの観点は大人と子どもで明らかな違いがあることがわかり，各グループが新車のアイデアを出す際に活かされた。子どもたちは，未来の自動車像を絵に描き，その特長をまとめ，リーフレット，プレゼンシートを制作した（図 10 - 3 ，図 10 - 4 ）。

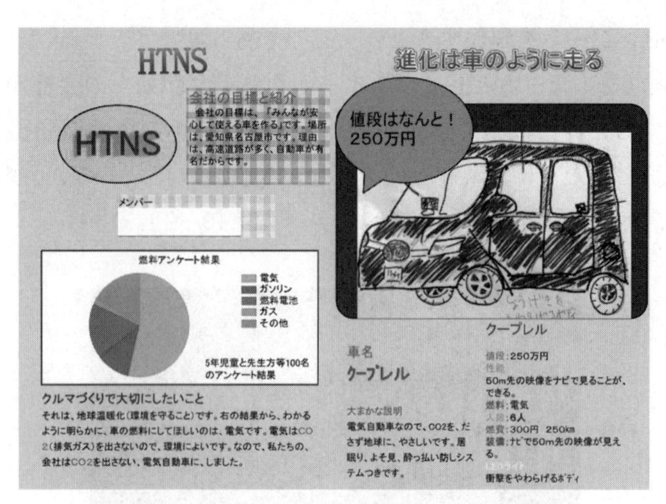

図 10-3　リーフレットの作品 1（著者撮影）

図 10-4　リーフレットの作品 2（著者撮影）

完成した作品は，クラスでの発表会とは別に，Facebookのグループにもアップロードして，オンライン上でコメントを受け付けた。協力者からは，よい点を褒める感想や，さらによいものにするためのアドバイスを得ることができた。

この実践は，「メディア・リテラシーの育成」を主たる目的としたものではない。しかし，子どもたちはインターネットというメディアがもたらす人と人との関わりについて実感を持って学ぶ機会を得ることができたと考えられる。教室にいながら（教師の知り合いとはいえ）顔も知らない多様な人々と関わりを持ち，しかも，自分たちの課題を解決するためのヒントを得たり，アドバイスを受けたりすることができた。

つまり，子どもたちは，複雑な課題を解決するための1つの手段としてFacebookを活用できることを知った。それは，インターネットを介したコミュニケーションの特性について考える契機となる。そういう意味において，この実践はソーシャルメディア時代のメディア・リテラシーを育む実践だったといえるだろう。

参考文献

水野博介（1998）『メディア・コミュニケーションの理論―構造と機能―』学文社
中山玄三（1993）『リテラシーの教育』近代文藝社
鈴木みどり編（1997）『メディア・リテラシーを学ぶ人のために』世界思想社
水越　伸（1999）『デジタルメディア社会』岩波書店
中橋　雄（2014）『メディア・リテラシー論　ソーシャルメディア時代のメディア教育』北樹出版
山内祐平（2003）『デジタル社会のリテラシー：「学びのコミュニティ」をデザインする』岩波書店

Meyrowitz, J. (1998) Multiple Media Literacies. Journal of Communication. 48(1): 96-108

旧郵政省（2000）「放送分野における青少年とメディア・リテラシーに関する調査研究会」報告書
https://www.soumu.go.jp/main_sosiki/joho_tsusin/top/hoso/pdf/houkokusyo.pdf（2023.02.28 確認）

中橋　雄・水越敏行（2003）『メディア・リテラシーの構成要素と実践事例分析』日本教育工学会論文誌 27(suppl.)：41-44

三村忠史（著），倉又俊夫（著），NHK「デジタルネイティブ」取材班（著）（2009）『デジタルネイティブ―次代を変える若者たちの肖像』生活人新書，日本放送出版協会

―付記―

本章は，中橋　雄（2021）『改訂版 メディア・リテラシー論―ソーシャルメディア時代のメディア教育』北樹出版，2章・4章・5章の一部を基にして執筆したものである。

11　メディア教育の歴史的展開

中橋　雄

《目標&ポイント》　本章では，「時代背景や立場によってメディア教育の主たる目的は異なる」ということについて理解を深める。イギリス，カナダ，日本の歴史的な系譜について紹介することで，属する社会や時代に応じてメディア・リテラシーのあり方を問い直していく必要があることについて考える。また，日本でメディア・リテラシーが注目された理由の1つともいえる情報教育の展開を確認する。「情報活用能力」の育成を目指す情報教育との比較を通じて，「メディア・リテラシー」の育成を目指すメディア教育の特徴について探る。

《キーワード》　歴史的系譜，イギリス，カナダ，情報教育，情報活用能力

1．はじめに

メディア教育が実践されるようになった歴史的背景には，どのようなことがあったのか。いつ頃，どのように始まり，どのように発展してきたのか。このような問いを持ち，探究することの意義は大きい。

なぜなら，メディア・リテラシーは，属する社会や時代の背景に応じて，求められる能力要素や主たる目的の置き方が異なるものだからである。目的を見失ったまま形だけのメディア教育を実践したとしても，成果を期待することはできない。何を目的として何を達成できたのか，評価して，改善していくことが重要になる。今，そしてこれからのことを考えるためには，歴史的に蓄積されてきた取り組みや，その成果と課題に学ぶ必要がある。

ここでは，早くから公教育にメディア教育を位置づけたイギリスおよびカナダ・オンタリオ州の例を取り上げながら，日本の取り組みを振り返り，その相違点について考えていきたい。

2. イギリスにおけるメディア教育の歴史

小柳ら（2002）は，イギリスにおけるメディア・リテラシー研究の代表的な研究者である，レン・マスターマンとデビッド・バッキンガムの立場の違いを検討しながら，時代に応じたメディア教育の展開と遺産について図 11 - 1のように整理している。

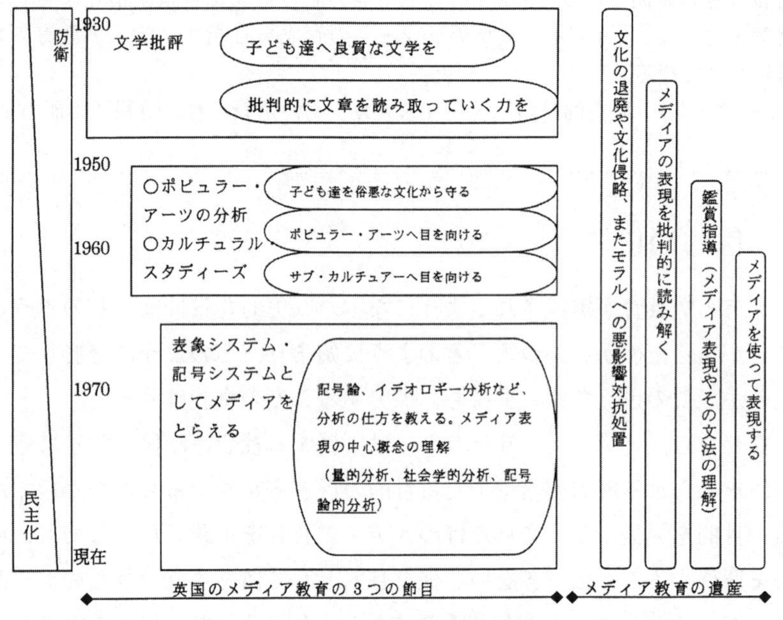

図 11 - 1　英国のメディア教育の展開と遺産（小柳ら 2002）

この図では，イギリスのメディア教育の始まりを 1930 年代に見いだしている。当時取り組まれたメディア教育は，子どもたちに良質な文学を与え，文章を読み取っていく力を目指した文学批評を主軸としたものであった。これは，「高尚」な文化と「低俗」な文化を区別する目を養い，「低俗」とされるものからは距離を置き，低俗とされた文化による「文化侵略」から子どもたちを守り，啓蒙していこうとする考え方であった。そして，この時低俗とされた文化は，大衆文化であった。

当時，タブロイド紙や映画などのメディアが普及して大衆文化に人気が集まる一方で，英文学などの教養文化は衰退しつつあった。そうした危機感から，文芸評論家のＦ．Ｒ．リーヴィスとデニス・トンプソンらは，高尚な文化と低俗な文化を見分ける目を養う教育を推進すべきだと主張した。学校教育の中で広告や映画を批評して，高尚文化と相対化するという教育実践が模索されたのである（Masterman 1985)。

しかし，1950 年代に入ると，多様なメディアと積極的に関わる中で，価値判断できることが重視されるようになり，ポピュラー・アーツとしてのメディアにも光が当てられるようになる。さらに，1960 年代には，サブ・カルチャーやカルチュラル・スタディーズの研究にも影響を受け，それまで「低俗」とみなされていたものの価値を認め直す必要性についても議論されるようになった。

そして，1970 年代以降，メディア教育は，メディアを表象システム・記号システムとして捉えて，記号論，イデオロギー批判，メディアの生産と消費に関する社会的な文脈などを観点としてメディアを分析することに重きが置かれるようになった。

小柳ら(2002)はメディア教育の遺産として，次の 4 つの教育アプローチが順番に蓄積されていったと整理している。

①子どもたちを俗悪文化やマスメディアから守る（防衛的）

②子どもたちに，マスメディア等からの情報やその表現を分析し読み解いていく力をつける（分析的）
③情報やその表現に対するこれまでの自分の読み方そのものを批判的・反省的に捉えさせる（批判的）
④情報およびその表現などを社会的文脈などに即して考え，創造的にメディアとかかわっていく見通しを与える（創造的）

このように，メディアの悪影響から自文化を保護しようとする「防衛」を意図した能力を重視していたころもあったが，権力の暴走を防ぐことや新しい時代の文化創造に関与する「民主化」を意図した能力を重視する考え方へと徐々に比重が移されてきたことがわかる。

3．カナダにおけるメディア教育の歴史

1960年代，カナダではメディア論の研究が盛んに行われていた。代表的な研究者であるマーシャル・マクルーハンは「テレビに代表される新しい電気メディアが，活字メディアに枠付けられた人間の思考様式，身体感覚をもみほぐし，活字以前の口承メディアが持っていたような状況に回帰するようなかたちで新たな次元を迎える」とメディア論を展開した。そして，そのような考えに影響を受けた教師たちが，1970年代以降，草の根的にメディア教育を展開することとなる（水越1999）。

そうした教師たちが中心となって，1978年にメディア・リテラシー協会（AML）が設立された。AMLがメディア・リテラシーの重要性を訴え，実践的な取り組みを行う中で，カナダにおけるメディア教育は1980年代に急速に発展していった。

1980年代は衛星放送やケーブルテレビなどが発達，普及していった時代である。アメリカとカナダは陸続きで言葉も理解できることから，

アメリカの大衆文化が国境を越えてカナダに持ち込まれていった。そのことに対して，カナダ人の中にはアメリカの商業主義的な広告や暴力的な映像などによって，カナダ人のアイデンティティや文化に悪影響があるのではないかと危惧する者もいた。このようなアメリカから流入してくるマスメディアに対して抵抗力をつけ，カナダの文化を大切に保護しようとする社会的気運が高まり，「メディアの悪影響から子どもを守る」教育の意義が主張された。

このような背景のもと，1987年に世界ではじめてオンタリオ州でメディア・リテラシー教育が公教育として取り入れられるようになった。これは，① AMLの努力，②メディアの変化（ケーブルテレビの普及など）に対する危機意識をもった社会的土壌，③教育省がカリキュラム改定を予定していたことなどが重なった事によるものと菅谷（2000）は分析している。

メディア教育が公教育として実施されることに伴い，1989年にオンタリオ州教育省が教師向け「メディア・リテラシー・リソースガイド」を発行した（Ontario Ministry of Education, 1989）。このリソースガイドでは，何を取り上げ，どう教えるのかという実践のためのレッスンプランが数多くまとめられているが，序章でメディア・リテラシーの概念や授業方法についての理論にも触れられている。その中で，メディア・リテラシーは「マスメディアの理解と利用のプロセスを扱うもの」と述べられており，その当時は，マスメディアと個人の関係性の中で，メディア・リテラシーが捉えられていたことがわかる。そして，メディア・リテラシー教育の目標は「メディアに関して，その力と弱点を理解し，歪みと優先事項，役割と効果，芸術的技法と策略，等を含む理解を身につけた子どもを育成すること」であり，「単に，より深い理解や意識化の促進にあるのではなくて，クリティカルな主体性の確立にある」としている。

上杉（2008）は，「カナダ・オンタリオ州のメディア・リテラシー教育は，イギリスのメディア教育の影響を受けながら発展してきた。しかし，イギリスと異なり，イデオロギー批判を展開したマスターマンの教育学に学んだ教師たちによって，1980 年代半ばから今日に到るまで，マスメディアの商業主義的性格に焦点を当てたメディア・リテラシー教育実践が続けられているところに，その特徴が認められる」と分析している。イギリスでもカナダ・オンタリオ州でもメディア教育が対象としている範囲は広く一概には言えない部分もあるが，イギリスが大衆文化研究にも力を入れるようになった一方，カナダでは商業主義的性格に焦点を当てたメディア・リテラシー教育にこだわりがあるということである。

4．日本におけるメディア教育の歴史

村川（1985）によれば，テレビ普及以前の 1950 年代から西本三十二は「ラジオをいかに聴き利用するか学校教育にも考慮されるべきである」と主張していた。また，テレビが普及していった 1960 年代以降も，番組の批判能力の育成や，情報収集，選択，処理能力の育成にまで言及して，映像教育の必要性を提唱する識者もあらわれ，数は少ないが教育実践も見られたという。メディア・リテラシーという言葉は使われていなくとも，メディア教育に関する芽は古くからあったといえる。

また，学校教育ではなく社会教育の場において，メディア・リテラシーの重要性を訴える立場もあった。例えば，1977 年に設立された市民団体「FCT　市民のメディア・フォーラム」は，視聴者・研究者・メディアの作り手が，社会を構成する一人一人の市民として集い，メディアをめぐる多様な問題について語り合い，実証的研究と実践的活動を積み重

ねていくためのひろば（フォーラム）をつくることを理念に活動を続けてきた。

1980年代には，学校教育において放送教育・視聴覚教育の研究者と現場教師が協同し，送り手の意図と受け手の理解を追及する映像視聴能力の研究が行われた。特に，水越敏行・吉田貞介を中心とした研究グループは，多くの実証的な知見の蓄積を行ってきた（例えば，水越1981，吉田1985，など）。また，坂元（1986）の研究グループは日本のメディア・リテラシー教育に関するカリキュラム研究開発を行い，多くの成果を残している。

1990年代になると，技術的な進歩によってパソコンが多機能化し，マルチメディアやインターネットなどの技術をどのように活かせるのかという可能性が模索されていった。当時，市川（1997）は，「メディア・リテラシーが日本で取りざたされはじめたのは，マルチメディアなどの登場に刺激されてのこと」という，1つの見方を示している。マルチメディアコンテンツを扱えるほどパソコンが高機能化したことで，送り手と受け手の関係性がそこに生まれた。学習者が，この装置をいかに使いこなし，自分の考えをまとめ，表現していくか，情報教育を推進する流れとともに実践的な研究も行われた（例えば，佐伯・苅宿・佐藤・NHK 1993，田中1995，木原・山口1996，など）。

また，インターネットの登場は，さらにその勢いを強めた。世界中のコンピュータがネットワークで結ばれ，ハイパーメディアという構造の中で，マルチメディア情報がやり取りされる。情報が価値をもつ社会の到来が叫ばれ，未来の社会で生きていくために情報通信メディアを活用する能力の重要性が語られるようになった。例えば，情報社会に氾濫する情報に流されないための情報収集・判断能力や，個人が情報を表現し発信していく能力の重要性である。

1990 年代は，マスメディアによる「やらせ」や「誤報」の問題が社会問題としてクローズアップされた時代でもある。制作者のモラルが取りざたされるとともに，受け手による批判的な判断力を高めるための議論がもちあがった。この流れを受け，旧郵政省（2000）は「放送分野における青少年とメディア・リテラシーに関する調査研究会報告書」を出した。これは，「放送分野における」と限定されてはいるが，日本ではじめて公的な機関がメディア・リテラシーの問題を取り上げたという点で大きな意味をもっている。これは，日本でのメディア・リテラシー研究を活発化させた要因の１つと言える。

2000 年には，「授業づくりネットワーク」という教師が中心の団体で，「メディアリテラシー教育研究会」が継続的に開かれるようになり，メディア・リテラシーを育む教育に関する研究と実践事例の蓄積を行っている。

2001 年には，東京大学情報学環の水越伸・山内祐平を中心に，メディアに媒介された「表現」と「学び」，そしてメディア・リテラシーについての実践的な研究を目的とした，メルプロジェクト（Media Expression, Learning and Literacy Project）が立ち上げられた。

2001 年度から，メディア・リテラシー教育のための NHK 学校放送番組「体験！メディアの ABC」が放送されるようになり，授業で使えるような教材も蓄積されていった。

このように，さまざまな団体・研究者・教育実践者の間で，メディア・リテラシーとその教育に関する取り組みが蓄積されてきた。水越（1999）は，メディア・リテラシー論の系譜として「１．マスメディア批判の理論と実践」「２．学校教育の理論と実践」「３．情報産業の生産・消費のメカニズム」というように，異なる立場の取り組みがあったと整理している。

2015年には，日本教育工学会におけるSIG（Special Interest Group）の1つとして，「メディア・リテラシー，メディア教育」のグループが設置された（https://www.jset.gr.jp/sig/sig08.html 要確認）。多様な立場で継続的に行われてきた研究知見を体系的に整理するとともに，個々の研究を加速させ，現代的な課題に対応しうる新しい成果を生み出すために，研究交流が行われている。

では，公教育の位置づけについては，どうだろうか。日本の学習指導要領には，「メディア・リテラシー」という言葉は使われていないが，文部科学省の検定を受けた教科書の中には，「メディア・リテラシー」という用語を使っているものもある。また，その能力を構成する要素のいくつかは，各教科・領域における指導事項との関連を認めることができる。さまざまな教科・領域の実践でメディア・リテラシーの構成要素を部分的に育むことができる状況にはある。

以上のことから日本においても，メディア・リテラシーは，現代社会を生きる上で必要とされる能力として捉えられているといえる。また，メディア・リテラシーを育むメディア教育の必要性についても理解されているといえる。しかし，体系的な実践が確実に行われるためには，より明確な公教育への位置づけが示される必要があるといえる。

5. 情報活用能力とメディア・リテラシーの接点

以上のように，イギリス，カナダ，日本の例を比較してみると，国によって，あるいは歴史的な背景によって，メディア教育の目的が異なることがわかる。つまり，置かれている社会状況によって求められるリテラシーは異なるし，その意義を主張する立場によって，重点の置かれ方が異なるのである。

ところで，日本でメディア・リテラシーに注目が集まった要因の1つに，マルチメディア，インターネットの普及など，情報社会の到来があることを先に述べた。日本の学校教育では，教育行政・政策的な用語として情報社会に生きるための力を「情報活用能力」と定義しており，「メディア・リテラシー」という言葉を使用してこなかった。「情報活用能力」は，「情報活用の実践力」，「情報の科学的な理解」，「情報社会に参画する態度」をバランスよく育むこととされている。そして，「情報活用能力」を育む教育を「情報教育」と呼んでいる。

「情報活用能力」は，1990年7月に文部省が作成した「情報教育に関する手引」の中で，このような能力として整理されたが，その枠組の中でも情報技術の発展や時代背景によって，概念が拡張されてきた歴史的経緯がある。

図11-2は，「情報教育」の概念が時代を経て蓄積・拡張されてきたことを整理したものである。これは，中橋（2021）が，岡本（2000）の整理を踏まえて作成した「第一世代～第四世代の情報教育」にそれ以降の世代を追加したものである。

この整理は，情報教育としてすでにあるものを継承しつつ，時代の変化に応じて新しい内容を取り込み，拡張されてきた歴史を示している。そのため，第七世代（2010年代後半～）においても第一世代（1980年代～）に示したプログラミングやアルゴリズムに関わる内容は情報教育として行われている。

また，基本的に，技術や社会の変化があった後に学習指導要領などの教育の方針が決まり，教科書なども整っていくため，時代の変化よりも一歩遅れて情報教育の内容が加わる構造を持っている。

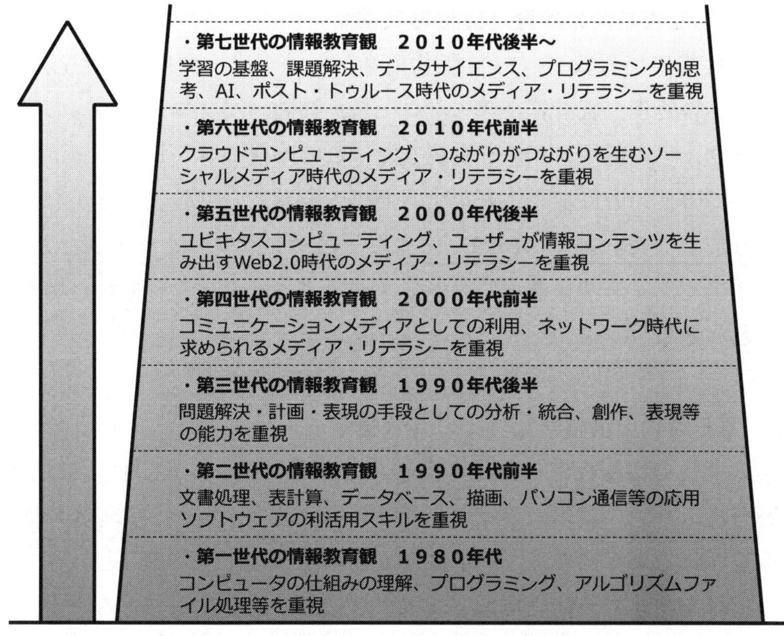

図11－2　時代ごとに拡張されてきた情報教育観（中橋 2021）

（1）第一世代の情報教育（1980年代～）

第一世代の情報教育（1980年代～）は，コンピュータのハードウェア的な仕組みの理解やアルゴリズムの理解，プログラミングやファイル処理の技能などを重視していた。この時代のコンピュータはスタンドアロン（ネットワークに接続されていないコンピュータ単体での利用方法）で使われることが多く，人間が入力したことに対して人間には不可能なほどの速さで結果を出力する計算機としての役割を果たしていた。つまり，送り手と受け手の間で情報を媒介するメディアとしてコンピュータを捉えてはいなかった。

（2）第二世代の情報教育（1990年代前半～）

第二世代の情報教育（1990年代前半～）は，第一世代の情報教育に加え，文書処理，表計算，データベース，描画，パソコン通信等の応用ソフトウェアの活用スキルを重視した。この時代のコンピュータは計算機としての使い方に加え，表現するための道具としての使い方がなされるようになった。誰かに何かを伝える文書やグラフ，イラストなどは，メディアであり，情報教育においてメディア・リテラシーを育む場が生じたといえる。

（3）第三世代の情報教育（1990年代後半～）

第三世代の情報教育（1990年代後半～）は，第一・第二世代に加え，問題解決・計画・表現の手段としての分析・統合，創作，表現等の能力が重視されるようになった。単にソフトを使うことができるというスキルの獲得を超えて，情報技術を活用することで何を実現できるのか，ということに目が向けられた。

（4）第四世代の情報教育（2000年代前半～）

第四世代の情報教育（2000年代前半～）は，それまでに重視されてきたことに加え，ネットワーク化されたコンピュータをコミュニケーションのためのメディアとして活用する能力が重視されるようになった。ここには，3 DCGや映像編集も含むデジタルメディア表現能力，メディアの特性を理解し，構成された情報を主体的に読み解く力，情報モラルなどが含まれる。

（5）第五世代の情報教育（2000年代後半～）

第五世代の情報教育（2000年代後半～）は，さらに，ユビキタスコンピューティングの環境下におけるWeb 2.0時代のメディア・リテラシーが求められるようになった。いつでもどこでも誰でもインターネット上の情報にアクセスできる環境や利用形態をユビキタスコンピューティングという。持ち運びが容易な携帯情報端末，携帯電話からもインターネット接続が可能になり利用者を増やした。また，商用サービスとしてブログやSNSを始めとするCGM（Consumer Generated Media）が使われ始め，Webサイトを作る技術というよりも，多様な形態でコミュニケーションを生み出す能力が重視されるようになった。個人の情報発信や，インターネットを通じた人との関わりが質・量とも飛躍的に増大した時代である。

（6）第六世代の情報教育（2010年代前半）

第六世代の情報教育（2010年代前半）は，クラウドコンピューティングが実現するソーシャルメディア時代のメディア・リテラシーが重視された。利用者が自分の端末を通じて，インターネット上のハードウェア，ソフトウェア，データをその存在や仕組みを意識することなく利用できる環境や利用形態のことをクラウドコンピューティングという。そうした利用形態のもとで一般大衆に広く開かれた動画共有サイト，SNS，マイクロブログなど，つながりがつながりを生み世の中の話題を生み出すメディアの特性や影響力を理解して活用する能力や，それらによって人々のライフスタイルや価値観がどのように影響を受けるか考え行動できる能力が重視される。

以前まではネットを仮想空間として現実の社会と区別して捉える見方もあったが，もはやネットは現実社会と切り離して考えることはできない現実社会そのものとなった。携帯情報端末を使い，オンラインで映画，音楽，書籍，ゲームなどのコンテンツを購入できる時代，ユーザーが知を集積していくCGM（Consumer Generated Media）が自然なものになる時代，マスメディアだけではない市民メディアが台頭する時代の到来によって，これまでになかった能力が求められることになる。

（7）第七世代の情報教育（2010年代後半）

2020年から本格実施される学習指導要領において，「情報活用能力」という用語が学習基盤の１つとして明記された。従来は教科・領域で学ぶことに加えて必要だと位置づけられていた情報活用能力が，教科・領域の学習活動を行う前提として必要になる能力として位置づけられた。また，データサイエンス，プログラミング的思考が重視されるようになった。こうした情報に関する「科学的な理解」に裏付けられた能力の側面が強調される中で，社会的なコミュニケーション能力の側面は相対的に弱まったように受け止められる。

しかし，学習指導要領にある「主体的・対話的で深い学び」を実現させるためには，誰がどのような意図で発信した情報なのか批判的に読み解く能力や，自分の考えを相手のもつ文化や価値観を踏まえて表現・発信する能力などが必要である。また，ソーシャルメディアの普及，その使われ方によって客観的な事実よりも感情的な訴えかけの方が世論形成に影響する状況として「ポスト・トゥルース」という言葉に注目が集まるなど，メディアのあり方を考えていくことが重要な社会状況にある。学習指導要領の記述からはこうした点を読み取ることは難しいが，「情報活用能力」を育成する際にメディア・リテラシーを同時に育むことが望ましいと考えられる。

このような流れを踏まえることにより，情報教育とメディア教育の接点を見いだすことができる。情報技術によって生み出された新たなメディアの社会的な影響力が大きくなるにつれて，情報教育はメディア・リテラシーの育成も目指すようになってきた。一方，同じ事がメディア教育の側にも言える。時代の流れの中で新しいメディアにおけるメディア・リテラシーもその対象として範囲を広げている。つまり，相互に研究・教育の領域を拡張する中で，互いを含み込むようになってきているのである。既存メディアがICT 技術と結びつく中で，メディア・リテラシーの中に情報活用能力の要素が，コミュニケーションが多様になるにつれて情報活用能力の中にメディア・リテラシーの要素が，含み込まれるようになってきた。

しかし，教育実践の内容を比較していくと，「情報活用能力を育むための情報教育」で扱うが，「メディア・リテラシーを育むためのメディア教育」では扱わない内容がある。また，その逆のこともある。

例えば，メディア教育が，プログラミングやアルゴリズムなどの内容を主目的として取り扱うことはあまりない。一方，情報教育で大衆文化研究やステレオタイプなどの内容を取り扱うことはあまりない。メディア教育は，メディアの特性理解を含む社会的・文化的な意味解釈・表現発信に力点があるといえる。

しかしながら，これまでと同様に，その内容が拡張される可能性はある。そのため，今後もその時代や社会に応じたメディア・リテラシーのあり方を問い直していくことが重要である。

参考文献

小柳和喜雄・山内祐平・木原俊行・堀田龍也（2002）『英国メディア教育の枠組みに関する教育学的検討―メディア・リテラシーの教育学的系譜の解明を目指して―』教育方法学研究，28：199-210

Masterman, L.（1985）Teaching the Media. Routlege, London

水越　伸（1999）『デジタルメディア社会』岩波書店

菅谷明子（2000）『メディア・リテラシー―世界の現場から―』岩波書店

Ontario Ministry of Education（1989）Media Literacy Resource Guide. Ministry of Education, Toronto（FCT 市民のメディア・フォーラム訳（1992）『メディア・リテラシー―マスメディアを読み解く』リベルタ出版）

上杉嘉見（2008）『カナダのメディア・リテラシー教育』明石書店

村川雅弘（1985）「映像教育の広がり」（吉田貞介編『映像時代の教育―そのカリキュラムと実践―』日本放送教育協会）

水越敏行編（1981）『視聴能力の形成と評価―新しい学力づくりへの提言―』日本放送教育協会

吉田貞介編（1985）『映像時代の教育―そのカリキュラムと実践―』日本放送教育協会

坂元　昂（1987）「メディアリテラシー」（後藤和彦・坂元昂・高桑康雄・平沢茂編『メディアで語る（メディア教育のすすめ）』ぎょうせい）

市川克美（1997）「メディアリテラシーの歴史的系譜」（メディアリテラシー研究会編『メディアリテラシー：メディアと市民をつなぐ回路』日本放送労働組合）

佐伯　胖・苅宿俊文・佐藤　学・NHK 取材班（1993）『教室にやってきた未来―コンピュータ学習実践記録』日本放送出版協会

田中博之（1999）『マルチメディアリテラシー―総合表現力を育てる情報教育』日本放送教育協会

木原俊行・山口好和（1996）「メディア・リテラシー育成の実践事例」（水越敏行・佐伯胖編『変わるメディアと教育のあり方』ミネルヴァ書房）

旧郵政省（2000）「放送分野における青少年とメディア・リテラシーに関する調査研究会報告書」

https://www.soumu.go.jp/main_sosiki/joho_tsusin/top/hoso/pdf/houkokusyo.pdf（2023.02.28 確認）

中橋　雄（2005）「メディア・リテラシー―実践事例の分析」（水越敏行・生田孝至編『これからの情報とメディアの教育―ICT 教育の最前線』図書文化社）
中橋　雄（2021）『改訂版 メディア・リテラシー論―ソーシャルメディア時代のメディア教育』北樹出版
岡本敏雄（2000）『情報教育　インターネット時代の教育情報工学１.』森北出版

―付記―
本章は，中橋　雄（2021）『改訂版 メディア・リテラシー論―ソーシャルメディア時代のメディア教育』北樹出版，6章・9章の一部を基にして執筆したものである。

12 メディア教育の内容と方法

中橋 雄

《目標＆ポイント》 本章では，メディア教育が何をどのように学ぶものとして捉えられてきたか，ということについて整理する。メディア教育として学習者が理解すべき内容である「メディアの特性」とは，どのようなものか。これまでどのように整理され，どのように学ばれてきたのか，先行研究を取り上げて紹介する。その上で，メディアを活用して子どもたちが表現する授業デザインを探究してきたD-projectの取り組みを事例として取り上げる。
《キーワード》 メディア，リテラシー，メディアの特性，教育内容，教育方法

1. はじめに

メディア・リテラシーは複合的な能力であり，さまざまな状況のもとでその必要性が語られている。その能力の構造とは，ものごとを判断したり表現したりする実践的なスキルの側面と，それを実現するために必要なメディアの特性理解の側面がある。例えば，広告を見てある商品を気に入り実物をよく確かめずに購入したが，実際に使ってみて気に入らない点が出てきた場合，よく確認して判断するという「実践的なスキル」を身につけるためには，広告が商品のよいところを伝えるものであるという特性を理解していることが前提となる。

このように「メディアの特性」を理解することは，メディア教育の目的の一部であり，実践的なスキルの前提・基盤となるものである。一方，実践を通じてこそ「メディアの特性」を理解できるという事がある。例

えば，「メディアは送り手が意図したとおりに受け手が解釈してくれるとは限らない」という特性があるとする。その特性は，実際に送り手の立場で受け手が思ったとおりに解釈してくれない場面に直面して理解が深まる。このように，特性の理解と実践は一対のものであり，往復させながら双方をつなぎ合わせていく教育方法を検討する必要がある。

ここでは，まず，学習者が理解すべきメディアの特性とはどのようなものかを説明する。

2．メディアの特性

メディア研究の蓄積を受けて，カナダ・オンタリオ州のメディア・リテラシー協会（Association for Media Literacy）では，メディア・リテラシーのキーコンセプトとして次の８つを挙げている。これらは，メディアの特性を簡潔に表したものである。

1．Media construct reality.

メディアは，「現実」を構成する（メディアが伝える「現実」は，実際に経験したいくつかの要素を組み合わせて表現されたもので，現実そのものではない）。

2．Media construct versions of reality.

メディアは，現実の解釈を構成する（メディアは，伝える手段の特性や送り手の意図によって現実の一面を伝えているもので，偏りが生じる）。

3．Audiences negotiate meaning.

メディアは，受け手が，意味を解釈する（人それぞれ知識や経験が異なるため，同じメディアであっても異なる解釈がなされる）。

4．Media have economic implications.

メディアは，経済的影響力を持つ（メディアは，そのものが産業であるだけでなく，多くの仕事や生活で制作・活用されており，経済に影響を与えている）。

5．Media communicate values messages.

メディアは，価値観が含まれた内容を伝えている（メディアは，特定の価値判断で表現されているもので，誰かに何らかの利益をもたらす一方，別の誰かに不利益をもたらす場合がある）。

6．Media communicate political and social messages.

メディアは，政治的・社会的な内容を伝えている（メディアは，直接会うことがない人の考えにも触れる機会を提供し，人々のさまざまな意思決定に影響を与える）。

7．Form and content are closely related in each medium.

それぞれのメディアにおける表現の形式と内容は密接に関係している（メディアは，それぞれ特有の記号体系やジャンルがあり，伝わる内容に影響を及ぼす）。

8．Each medium has a unique aesthetic form.

個々のメディアは，独特の美的形式を持っている（メディアは，芸術性や娯楽性があり，それらを高める表現の工夫がなされている）。

（https://aml.ca/resources/eight-key-concepts-media-literacy/ をもとに著者が意訳・補足した。2023.02.27 参照）

このカナダ・オンタリオ州のキーコンセプトを踏まえた上で，中橋(2009) の整理を参考にしながら，メディア教育において学習対象となり得る「メディアの特性」について説明する。

（1）メディアごとに機能的な特性を持つ

もの・装置，システムとしてのメディアは，それぞれ独自の機能的な特性を持っている。その特性には，一方向性・双方向性，同期・非同期，あるいは，速報性，一覧性，保存性などがあり，技術的な仕組みや運用ルールによって規定される。

例えば，携帯電話での通話は，音声を用いた双方向のコミュニケーションである。テレビは映像と音声，新聞は写真と文字で表現された一方向のコミュニケーションで，一度に多数の人に向けて発信される。

自分が情報を得たり，発信したりする際に，目的に応じて適切なメディアを選択することが重要になる。そのためには，このようなメディアの機能的な特性を理解しておく必要がある。

（2）意思決定に影響を及ぼす

私たちは日常的に多くの時間をメディアとの接触に費やしている。そして，多くの情報を得たり，発信したりして相互に影響を与えあっている。さまざまな機会において意思決定をする判断材料もメディアに依存することは少なくない。

例えば，広告を見ることによって，ものを購入することを決めることがある。また，メディアは，政治に対する見方を提示し，世論に影響を与え，政治家を選ぶ選挙における意思決定にも影響を与えうる。メディアは，社会形成に直結するだけの大きな影響力を持つ。

（3）現実の認識をつくる特性

私たちが「現実」として捉えている世の中の事象や一般常識と考えていること，規範や価値観などもメディアを介して得た情報によって形成されたものがほとんどである。例えば，メディアは，こういう生き方が美徳であるというような価値観や「男なら（女なら）こうあるべき」といった固定観念にとらわれることもある。

メディアは，送り手の意図によって取捨選択されたもので，物事の一面を取り扱うことしかできないという限界がある。それだけに，レン・マスターマン（1985）の言うように，「メディアは能動的に読み解かれるべき，象徴的システムであり，外在的な現実の，確実で自明な反映なのではない」という特性を理解しておくことが重要である。

（4）意図と解釈

人に物事を伝えるためには，情報の取捨選択・編集が求められる。そして，メディアは，社会的・文化的・経済的・技術的影響を受けながら，送り手の意図によって構成される。送り手は，うまく伝わるように受け手を想定した情報の表現をする必要がある。ただし，それを解釈するのはあくまでも受け手であり，送り手の意図した通りに受け手が解釈してくれるとは限らない。悪意がなくても相手を不快にさせたり，傷つけたりしてしまうことも起こりうる。

（5）商業性

特に産業としてのメディアは，取材に必要な経費，機材の購入・保守費，人件費などを得るために収入が必要となる。多くのメディア産業は受信料，販売収入，広告収入で成り立っている。いずれにしても，受け手にとって価値ある情報を提供するという努力が送り手に求められるが，その商業性は無視できない。特に利益第一主義に陥ることが原因で報道の公正性が保たれなくなったり，少数の人にしか価値のない事柄は取り上げられなくなったりする危険性にも注意する必要がある。

(6) 表現の形式

メディアは独自の表現形式を持っているため，伝えたい情報の内容は同じであっても伝えるメディアが異なると印象は変わる。例えば，同じ内容のニュース，天気予報でさえも，伝える人の印象や伝え方で，全く違ったものに感じることがある。

また，メディアが持つ独特の表現形式自体に，人は面白味や心地よさを感じることがある。情報を受け取る側には，そのような形式も含め自分が適切と思うメディアの選択を行っている。

以上のような特性から「メディア」を捉えてみると，送り手と受け手の関係性，表現の意図や構成，それを規定する社会的・文化的背景までも含めて捉えなければ，メディアを理解したことにはならないだろう。

では，これらのメディアが持つ特性を理解するためには，どのような教育方法が求められるのだろうか。上記のような解説を読むだけでは，実感として理解できないだけでなく，実践的な能力として発揮される力にはならない。送り手と受け手の関係性を体験的に理解し，社会のあり方を考える教育方法が必要になる。

3. メディア教育の教育方法

レン・マスターマンが整理した「メディア・リテラシーの18の基本原則」の中では，メディア教育の意義と教育方法について触れられている。

「メディア・リテラシーの18の基本原則」（レン・マスターマン 1995）

1．メディア・リテラシーは重要で意義のある取り組みである。その中心的課題は多くの人が力をつけ（empowerment），社会の民主主義的構造を強化することである。

2．メディア・リテラシーの基本概念は，「構成され，コード化された表現」（representation）ということである。メディアは媒介する。メディアは現実を反映しているのではなく，再構成し，提示している。メディアはシンボルや記号のシステムである。この原則を理解せずにメディア・リテラシーの取り組みを始めることはできない。この理解からすべてが始まる。

3．メディア・リテラシーは生涯を通した学習過程である。ゆえに，学ぶ者が強い動機を獲得することがその主要な目的である。

4．メディア・リテラシーは単にクリティカルな知力を養うだけでなく，クリティカルな主体性を養うことを目的とする。

5．メディア・リテラシーは探究的である。特定の文化的価値を押し付けない。

6．メディア・リテラシーは今日的なトピックスを扱う。学ぶ者の生活状況に光を当てる。そうしながら「ここ」「今」を，歴史およびイデオロギーのより広範な問題の文脈でとらえる。

7．メディア・リテラシーの基本概念（キーコンセプト）は，分析のためのツールであって，学習内容そのものを示しているのではない。

8．メディア・リテラシーにおける学習内容は目的のための手段である。その目的は別の内容を開発することではなく，発展可能な分析ツールを開発することにある。

9．メディア・リテラシーの効果は次の2つの基準で評価できる。1）学ぶ者が新しい事態に対して，クリティカルな思考をどの程度適用できるか　2）学ぶ者が示す参与と動機の深さ

10．理想的には，メディア・リテラシーの評価は学ぶ者の形成的，総括

的な自己評価である。

11. メディア・リテラシーは内省および対話のための対象を提供することによって，教える者と教えられる者の関係を変える試みである。
12. メディア・リテラシーはその探究を討論によるのではなく，対話によって遂行する。
13. メディア・リテラシーの取り組みは，基本的に能動的で参加型である。参加することで，より開かれた民主主義的な教育の開発を促す。学ぶ者は自分の学習に責任を持ち，制御し，シラバスの作成に参加し，自らの学習に長期的視野を持つようになる。端的にいえば，メディア・リテラシーは新しいカリキュラムの導入であるとともに，新しい学び方の導入でもある。
14. メディア・リテラシーは互いに学びあうことを基本とする。グループを中心とする。個人は競争によって学ぶのではなく，グループ全体の洞察力とリソースによって学ぶことができる。
15. メディア・リテラシーは実践的批判と批判的実践からなる。文化的再生産（reproduction）よりは，文化的批判を重視する。
16. メディア・リテラシーは包括的な過程である。理想的には学ぶ者，両親，メディアの専門家，教える者たちの新たな関係を築くものである。
17. メディア・リテラシーは絶えざる変化に深く結びついている。常に変わりつつある現実とともに進化しなければならない。
18. メディア・リテラシーを支えるのは，弁別的認識論（distinctive epistemology）である。既存の知識が単に教える者により伝えられたり，学ぶ者により「発見」されたりするのではない。それは始まりであり，目的ではない。メディア・リテラシーでは，既存の知識はクリティカルな探究と対話の対象であり，この探究と対話から学ぶ者や教える者によって新しい知識が能動的に創り出されるのである。

これらの記述の中で何度も強調されているのは，メディア・リテラシーに関わる教育は，「教え込み型の教育方法では身に付かない」ということである。対話や探究における思考や判断を通じて知の創造を促すために，他者との学び合いが生じるような学習者参加型の活動を通じて育む必要があると主張されている。この中には，具体的に実践における内容の取り扱いについては触れられていないが，学習の対象が「メディア」あるいは「メディアの特性」だとして，「メディアの特性にはこのようなことがある」ということを教え込むだけでは，活きて働く力にならないということであろう。

なお，マスターマンの時代に求められたメディア・リテラシーは，多大な影響力を持ったマスメディア（あるいはその裏で結びついている権力）と市民が対峙する関係性の中で，市民が身に付ける力として捉えられていることは理解しておきたい。マスメディアの構造や情報に介在する送り手の意図を理解した上で批判的に判断して受容することが，民主主義の社会において重要になるということに主眼が置かれている。

現代社会において求められるメディア・リテラシーは，マスターマンの時代よりも研究・教育の範囲を広げている。しかし，現代社会におけるメディア教育においても，学習者の主体性を育み，創造的な知を生み出す参加型の学習を取り入れた教育方法は重視されている。

4．メディア教育の授業デザイン

ここでは，メディア教育の教育方法について考えるために，D-project の取り組みについて紹介する（中川 2006）。D-project（デジタル表現研究会）は，全国から志ある教師が集まりメディアで表現する活動を取り入れた授業デザインについて探究している教師コミュニティである。

D-project は，「メディア創造力」の育成を目標として掲げ，近年の社会背景や学力観を踏まえた授業デザインについて検討している。「メディア創造力」とは，「メディア表現学習を通して，自分なりの発想や創造性，柔軟な思考を働かせながら自己を見つめ，切り拓いていく力」と定義されている。

D-project は，メディア創造力を育成する授業を実践し，その分析を通じて，いくつかの研究成果を残してきた。それは，メディア創造力を育成しようとする授業に見られる特徴的な「学習サイクル」，メディア創造力を育成するための「教師の着目要素」，子どもたちに育まれる「学習到達目標」などである。これは，メディア表現活動を取り入れた授業を分析することから帰納的に得られた知見であるが，教師が新しく授業デザインをする際のチェックポイントになり得るものでもある。

（1）学習サイクル

メディア創造力を育成するため，授業実践には単元構成の中で「①相手意識・目的意識を持つ」活動，「②見る」活動，「③見せる・つくる」活動，「④振り返る」活動を繰り返し行う「学習サイクル」がある。特に図 12 - 1 に示されているように②③④を何度も繰り返して練り上げを行う。

この学習サイクルについて，パンフレットを制作する活動を取り入れた単元の授業デザインを例に挙げて考えてみる。まず，「①相手意識・目的意識を持つ」活動では，「地域の人に実際に見に行きたくなるような学校のよいところを伝えるパンフレットを作る」といった，実際に世の中の役に立てるような課題の設定をする。そして，「②見る」活動において，世の中で実際に使われているプロが作ったパンフレットの特徴を分析して自分たちの制作に活かす。次に，「③見せる・作る」活動では，自分たちの作品を作り，実際に見せたい地域の人に見てもらう。その反応を受け，改善すべき点を把握した上で，自分の作品，他のグループの作品，プロが作った作品を見直して修正を加えていく。

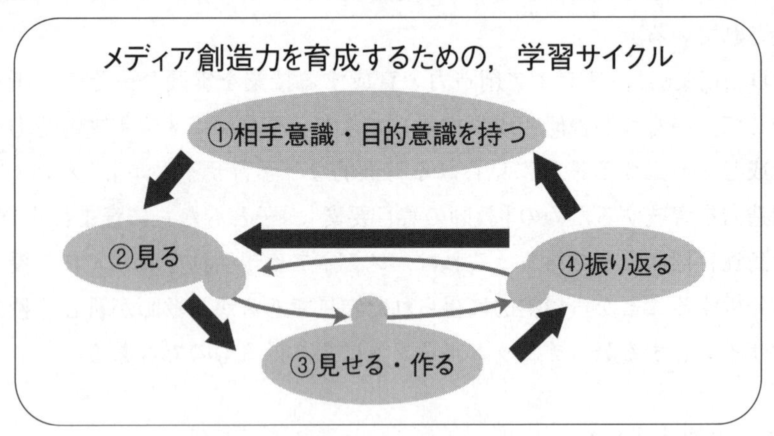

図 12－1　学習サイクル（中川 2006）

このようなサイクルを繰り返し，時には相手や目的の範囲を広げたり，狭めたりというように，①に戻ることもある。ここでは，パンフレット作りを例に挙げたが，新聞制作，CM 制作，プレゼンテーション資料制作などにおいても同様のサイクルが当てはまる。

（2）12 の着目要素

このような学習サイクルにおける各プロセスにおいて，教師が授業をデザインする際に着目している要素が抽出された。異なるプロセスでも共通に着目している要素があり，12 種類に整理されている。

①相手意識・目的意識をもつ
　1）リアルで必然性のある課題を設定する
　2）好奇心や探求心，発想力，企画力を刺激する
②見る
　2）好奇心や探求心，発想力，企画力を刺激する
　3）本物に迫る眼を養う
　4）自分なりの視点を持たせる
　5）差異やズレを比較し，実感させる
　6）映像と言語の往復を促す
③見せる・作る
　6）映像と言語の往復を促す
　7）社会とのつながりに生かす
　8）建設的妥協点（＝答えが1つではない）に迫る
　9）失敗体験をうまく盛り込む
　10）デジタルとアナログの双方の利点を活かす
　11）メディア創造力を追究する中から基礎・基本への必要性に迫る
④振り返る
　4）自分なりの視点を持たせる
　5）差異やズレを比較し，実感させる
　7）社会とのつながりに生かす
　8）建設的妥協点（＝答えが1つではない）に迫る
　12）自らの学びを振り返らせる

（3）学習到達目標

「メディア創造力」の学習活動で育まれる力を学習到達目標のかたちで示したものが，表12 - 1である（中橋ら2011）。「A　課題を設定し解決しようとする力」，「B　制作物の内容と形式を読み解く力」，「C　表現の内容と手段を吟味する力」，「D　相互作用を生かす力」という4つのカテゴリーは，それぞれ3つの構成要素からなりたっている。そして，その構成要素は，系統的な5段階のレベルで示されている。

表12－1 「メディア創造力」の学習到達目標（中橋ら2011）

	構成要素	系統性
A　課題を設定し解決しようとする力	1．社会とのつながりを意識した必然性のある課題を設定できる	Lv 1：人や自然との関わりの中で体験したことから課題を発見できる。 Lv 2：地域社会と関わることを通じて課題を発見できる。 Lv 3：社会問題の中から自分に関わりのある課題を発見できる。 Lv 4：社会問題の中から多くの人にとって必然性のある課題を設定できる。 Lv 5：グローバルな視点をもって，多くの人にとって必然性のある課題を設定できる。
	2．基礎・基本の学習を課題解決に活かせる	Lv 1：文章を読み取ったり，絵や写真から考えたりする学習を活かすことができる。 Lv 2：グラフを含む事典・図書資料で調べたり，身近な人に取材したりする学習を活かすことができる。 Lv 3：アンケート調査の結果を表やグラフで表したり，傾向を解釈したりする学習を活かすことができる。 Lv 4：独自の調査を含め，情報の収集方法を選んだり，組み合わせたりする学習を活かすことができる。 Lv 5：様々な方法で収集した情報を整理・比較・分析・考察する学習を活かすことができる。
	3．好奇心・探究心・意欲をもって取り組める	Lv 1：何事にも興味をもって取り組むことができる。 Lv 2：自分が見つけた疑問を，進んで探究することができる。 Lv 3：課題に対して，相手意識・目的意識を持って主体的に取り組むことができる。 Lv 4：社会生活の中から課題を決め，相手意識・目的意識を持ち，主体的に取り組むことができる。 Lv 5：課題解決に向けて自ら計画をたて，相手意識・目的意識を持って主体的に取り組むことができる。

<table>
<tr><td rowspan="3">B　制作物の内容と形式を読み解く力</td><td>1．構成要素の役割を理解できる(印刷物：見出し，本文，写真等　映像作品：動画，音楽，テロップ等)</td><td>Lv 1：制作物を見て,複数の要素で構成されていることを理解できる。
Lv 2：制作物を見て，それぞれの構成要素の役割を理解できる。
Lv 3：制作物を見て,構成要素の組み合わせ方が適切か判断できる。
Lv 4：制作物を見て，構成要素を組み合わせることによる効果を理解できる。
Lv 5：制作物を見て，送り手がどのような意図で要素を構成したのか理解できる。</td></tr>
<tr><td>2．映像を解釈して，言葉や文章にできる(映像：写真・イラスト・動画等)</td><td>Lv 1：映像を見て，様子や状況を言葉で表すことができる。
Lv 2：映像の内容を読み取り，言葉や文章で表すことができる。
Lv 3：映像の目的や意図を自分なりに読み取り，言葉や文章で表すことができる。
Lv 4：映像の目的や意図を客観的に読み取り，言葉や文章で表すことができる。
Lv 5：映像の目的や意図を様々な角度から読み取り，言葉や文章で表すことができる。</td></tr>
<tr><td>3．制作物の社会的な影響力や意味を理解できる</td><td>Lv 1：制作物には,人を感動させる魅力があることを理解できる。
Lv 2：制作物には,正しいものと誤ったものがあることを理解できる。
Lv 3：制作物には，発信側の意図が含まれていることを読み取ることができる。
Lv 4：制作物について，他者と自己の考えを客観的に比較し，評価することができる。
Lv 5：制作物の適切さについて批判的に判断することができる。</td></tr>
<tr><td rowspan="2">C　表現の内容と手段を吟味する力</td><td>1．柔軟に思考し，表現の内容を企画・発想できる</td><td>Lv 1：自分の経験や身近な人から情報を得て，伝えるべき内容を考えることができる。
Lv 2：身近な人や図書資料から得た情報を整理し，伝えるべき内容を考えることができる。
Lv 3：身近な人や統計資料から得た情報を整理・比較し，伝えるべき内容を考えることができる。
Lv 4：様々な情報源から収集した情報を整理・比較して，効果的な情報発信の内容を企画・発想できる。
Lv 5：様々な情報を結びつけ，多面的に分析し，情報発信の内容と方法を企画・発想できる。</td></tr>
<tr><td>2．目的に応じて表現手段の選択・組み合わせができる</td><td>Lv 1：相手に応じて，絵や写真などの言語以外の情報を加えながら伝えることができる。
Lv 2：相手や目的に応じて，図表や写真などの表現手段を選択することができる。
Lv 3：相手や目的に応じて，図表や写真などの表現手段を意図的に選択することができる。
Lv 4：相手や目的に応じて，多様な表現手段を意図的に組み合わせることができる。
Lv 5：情報の特性を考慮し，相手や目的に応じて，多様な表現手段を意図的に組み合わせることができる。</td></tr>
</table>

	3．根拠をもって映像と言語を関連づけて表現できる	Lv 1：他者が撮影した映像をもとに，自分の経験を言葉にして表現できる。 Lv 2：自分が撮影した映像をもとに，取材した内容を言葉にして表現できる。 Lv 3：自分が撮影し取材した情報を編集し，映像と言葉を関連付けて表現できる。 Lv 4：自分が撮影し取材した情報を編集し，明確な根拠に基づき映像と言葉を関連付けて表現できる。 Lv 5：映像と言語の特性を考慮して，明確な根拠に基づき効果的に関連付け，作品を制作できる。
D 相互作用を生かす力	1．建設的妥協点を見出しながら議論して他者と協働できる	Lv 1：相手の考え方の良さや共感できる点を相手に伝えることができる。 Lv 2：それぞれの考えの相違点や共通点を認め合いながら，相談することができる。 Lv 3：自他の考えを組み合せながら，集団としての1つの考えにまとめることができる。 Lv 4：目的を達成するために自他の考えを生かし，集団として合意を形成できる。 Lv 5：目的を達成するために議論する中で互いを高めあいながら，集団として合意を形成できる。
	2．制作物に対する反応をもとに伝わらなかった失敗から学習できる	Lv 1：相手の表情や態度などから，思ったとおりに伝わらない場合があることを理解できる。 Lv 2：相手の反応を受けて，どのように伝えればよかったか理解できる。 Lv 3：相手の反応を受けて，次の活動にどのように活かそうかと具体案を考えることができる。 Lv 4：相手の反応から，映像や言語における文法を身につける必要性を理解できる。 Lv 5：相手の反応から，文化や価値観を踏まえた表現の必要性を理解できる。
	3．他者との関わりから自己を見つめ学んだことを評価できる	Lv 1：他者との関わり方を振り返り，感想を持つことができる。 Lv 2：他者との関わりを振り返り，相手の考え方や受けとめ方などについて，感想を持つことができる。 Lv 3：他者との関わりを振り返り，自己の改善点を見つめ直すことができる。 Lv 4：他者との関わりを振り返り，自分の関わり方を評価し，適宜改善することができる。 Lv 5：他者との関わり方を振り返り，自分の個性を活かすために自己評価できる。

（4）メディア・リテラシーと「メディア創造力」

メディア・リテラシーと「メディア創造力」の違いについて，中橋ら(2006) は表12 - 2のように整理している。メディア創造力は，学校教育で目指す学力のあり方を問題意識としている点に特徴がある。

D-projectの目指す「メディア創造力」は，既存の学校教育を批判的に乗り越えるために生まれた概念であり，社会的な要請から生じたメディア・リテラシーの概念と完全に合致してはいない。D-projectは，複雑な課題解決を可能とするメディア活用のあり方・伝え合う力を重視する傾向がある。一方，メディア・リテラシーは，メディアに対する社会的・文化的な意味解釈や社会的な影響力，送り手の責任を踏まえた表現・発信のあり方，メディアの持つ可能性と限界について焦点を当てる傾向がある。

表12-2　メディア・リテラシーと「メディア創造力」との比較（中橋ら 2006）

	メディア・リテラシーの育成	メディア創造力の育成
定義	カナダ，イギリス，日本の違い，水越（1999），鈴木（1997）の違いなど，時代や立場によって様々な定義がある（中橋　2006）	メディア表現学習を通して，自分なりの発想や創造性，柔軟な思考をしながら自己を見つめ，切り拓いていく力（中川ら　2006）
系譜	・マスメディア批判の系譜 ・メディアと学校教育の系譜 ・情報産業の戦略の系譜 3つの系譜が関連（水越　1999） 社会の側から学校教育に期待	・学力論の系譜 ・デジタル表現研究の系譜 ・読み解きに偏るメディア・リテラシー批判の系譜 3つの系譜が関連 学校教育側から社会のニーズに対応
目的	社会的コミュニケーション能力	豊かな学力：創造性・意欲など
価値	社会的文化的な意味解釈・生成	表現する過程での思考・判断
分類	「メディア教育」：メディアを学ぶ	「メディア教育」：メディア表現で学力を高める

しかし，学習内容として目的としていること，授業デザインにおいて重要だと考えられていることについての共通点は多い。そのため，「メディア創造力」を育む実践を行うことによって，結果的にメディア・リテラシーが育まれることになる。ルーツは異なるが，相互に補完する関係にあると捉えることもできるため，「メディア教育」という大きなカテゴリーの中で，どちらも重要な役割を果たしていると考えられる。

参考文献

中橋　雄（2009）「新学習指導要領・「社会と情報」における「メディアの意味」をどう捉えるか」『ICT・Education No.41』ICTE，pp. 1-5

MASTERMAN, L.（1985）Teaching the Media.（宮崎寿子訳（2010）『メディアを教える―クリティカルなアプローチへ』世界思想社）

Masterman, L.（1995）“Media Education: Eighteen Basic Principles”. *MEDIACY*, 17(3), Association for Media Literacy（宮崎寿子・鈴木みどり訳（1997）資料編　レン・マスターマン「メディアリテラシーの18の基本原則」（鈴木みどり編『メディア・リテラシーを学ぶ人のために』世界思想社））

中川一史（2006）「メディア創造力を育成する実践事例　「キチンと文化」からの脱却―メディアで創造する力を育成する―」
http://www.d-project.jp/casestudy/index.html（2023. 02. 28 確認）

中橋　雄・中川一史・佐藤幸江・前田康裕・山中昭岳・岩﨑有朋・佐和伸明（2011）「メディアで表現する活動における到達目標の開発」第18回日本教育メディア学会年次大会論文集，pp. 159-160.

中橋　雄・中川一史・豊田充崇・北川久一郎（2006）「学力を高めるメディア教育の理論と実践」日本教育工学会第22回大会論文集，pp. 595-596.

―付記―

本章は，中橋　雄（2021）『改訂版 メディア・リテラシー論―ソーシャルメディア時代のメディア教育』北樹出版，1章・3章の一部を基にして執筆したものである。

13 知識・技能を活用する学力とメディア教育

中橋　雄

《目標&ポイント》 本章では，日本の学校教育においてメディア・リテラシーを育むためのメディア教育がどのように位置付けられているか解説する。特に学習指導要領における指針，全国学力・学習状況調査の内容に見られる位置付けについて確認する。その上で，教科横断的にメディア・リテラシーを育む考え方と，教科として取り組むことを試みた研究開発学校の事例について紹介する。

《キーワード》 学校教育，学習指導要領，学力テスト，研究開発学校

1. 学習指導要領とメディア教育

『小学校　学習指導要領（平成29年3月告示）』「総則　第1　小学校教育の基本と教育課程の役割」には，次のような記述がある。

> 2　学校の教育活動を進めるに当たっては，各学校において，第3の1に示す主体的・対話的で深い学びの実現に向けた授業改善を通して，創意工夫を生かした特色ある教育活動を展開する中で，次の(1)から(3)までに掲げる事項の実現を図り，児童に生きる力を育むことを目指すものとする。

ここに引用した内容は，中学校，高等学校の学習指導要領にも同様の文言がある。総則は全体に共通して適用される原則であり，あらゆる教

科・領域は，この方針に基づくことになる。この中で特に注目したいのは，「主体的・対話的で深い学びの実現に向けた授業改善」という文章である。深く充実した学びを実現させるためには主体的・対話的に学習できる学習者を育てることが必要になる。自律的に学び続けることができる方法，他者との相互作用を通じてお互いを高め合うことができる方法を学習者に授ける上で，メディア・リテラシーを育むことが重要ではないだろうか。

学習者は，メディアを通じて主体的に学ぶことになる。人に聞いたり，実物を観察したりするだけでなく，与えられた教科書や参考書などで学ぶ。また，図書，放送番組，雑誌，インターネットなどでも学ぶ。さらに，ニュース，クイズ番組，情報番組，ドラマやマンガから興味・関心が生じて学ぶこともあるだろう。この場合，メディアには，真偽が確かでないもの，事実と意見が明確でないもの，政治的，商業的な意図があるものなどがあることを理解しておくことが重要であろう。メディアそのものが持つ特性が何かを見えなくさせたり，強調させたりすることもある。誰がどのような目的で発信したものなのか，何が強調されていて代わりに見えにくくなっているものは何か，メディアで伝えられていることだけでなく，自分の受け止め方を批判的に検討することも求められる。

次に，学習者が対話的に学ぶためには，自分の考えていること，伝えたいことを伝えるために，メディアを構成する必要がある。言葉だけでなく，写真やイラスト，図表などを使って表現することも含まれるが，どのような媒体を用いるのか，どのように編集するのか，相手や目的に応じて選択する必要がある。相手が誤解なく理解できるということだけでなく，魅力的に感じてもらうことや何らかの行動に移してもらえることを目指すような表現ができるように工夫が求められる。メディアの特性を理解して，相手意識・目的意識を持ってメディアを構成する能力として，メディア・リテラシーを育むことが重要である。

以上のように，学習指導要領において「メディア・リテラシー」という言葉が使われていなくても，メディア・リテラシーを育むための教育を行う必然性については，学習指導要領に位置付けられていると考えることができる。そして，さまざまな教科・領域を通じて横断的に育むことが重要となる。例えば，読む・書く・話す・聞く・見る・見せる学習活動，新聞制作，ガイドブック制作，映像表現，調べて・まとめて・伝える課題解決学習，交流学習などの学習活動を通じてメディア・リテラシーを育むことができる。また，情報産業について学ぶ社会科の学習内容は，メディアについて学ぶことができる単元として，それらと関連付けることができるだろう。

メディア・リテラシーを育むことができると考えられる学習内容・活動の例と教科・領域との関係を以下に示す。

●産業的な役割・仕組みの理解

社会：メディアの影響力　世論と政治参加　情報社会
　　　社会システムとしてのメディアの仕組み

●表現・読み書き・活用

理科・社会：調査・記録・報告
国語：情報の表現と読み解き（映像・音楽を含みながら言語に力点）
図工：デザイン・レイアウト（言語・音楽を含みながら映像に力点）
音楽：音楽表現（言語・映像を含みながら音楽に力点）
算数：グラフの読み解きと表現
体育：身体表現・ボディーランゲージ

●**モラル**

道徳：情報表現・発信者に求められる責任

●**課題解決・探究**

総合：総合的な理解・表現・読み解きによる課題解決・提案

これはあくまでも例であり，すべてを網羅したものではない。また，小学校を想定して整理したものであるため，高等学校の教科「情報」など，メディア・リテラシーを育む内容が扱われる教科・領域，学習活動は他にも考えられる。さらに，学校教育においてメディア・リテラシーを育む学習活動を行うことはできるようになっているが，実際行われるかどうかは教育現場の取り組み次第だといえる。確実にメディア・リテラシーを育成できるように各学校でカリキュラムマネジメントを行うことが重要である。

2. 知を活用する学力とメディア

先に示した『小学校　学習指導要領（平成29年3月告示）』「総則　第1　小学校教育の基本と教育課程の役割」は，次のような記述が続く。

(1) 基礎的・基本的な知識及び技能を確実に習得させ，これらを活用して課題を解決するために必要な思考力，判断力，表現力等を育むとともに，主体的に学習に取り組む態度を養い，個性を生かし多様な人々との協働を促す教育の充実に努めること。その際，児童の発達の段階を考慮して，児童の言語活動など，学習の基盤をつくる活動を充実するとともに，家庭との連携を図りながら，児童の学習習慣が確立するよう配慮すること。

この部分では，基礎的・基本的な知識および技能の習得を重視しつつ，課題解決のために知識および技能を活用する学力の重要性が強調されている。また，学習の基盤として「言語活動」の充実が求められている。この考え方は，前の学習指導要領（平成20年3月告示）から継承されている。このような知識および技能を「活用する学力」が重視されはじめた要因には，2003年に実施されたOECD（経済協力開発機構）の学力調査（PISA調査）で，日本が相対的に順位を落としたことがあると考えらえる。この調査結果については，「学力低下」と大々的に取り上げ，短絡的に「ゆとり教育」を批判する報道もあった。しかし，実際には，求められている学力の方向性，問われている問題の質が変わってきたことにその要因を見いだすことができる。

文部科学省は，平成19年4月以降，小学校6年生・中学校3年生を対象に全国学力・学習状況調査を実施してきた。この調査の特徴の1つには，「知識」に関する問題だけではなく「活用」に関する問題を出題したことが挙げられる。これは，国際的な学力調査の影響を受けたものであると考えられる。

ここで注目したいのは，実際に出題された問題のいくつかに「環境問題に関わる新聞記事の内容を考えるもの（図13-1）」や「相手を想定した書籍の広告カード表現を考えるもの」など，社会に訴えかけるためのメディア表現やその読み解きに関するものがあったことである。

これは，日常生活における問題解決を行う上で，メディアの特性について理解する必要があることを意味している。文章・映像・図やグラフなどの組み合わせによって社会的・文化的な意味が構成されるメディアの特性理解，その読み解きや表現能力は，社会生活における問題解決場面で重要な意味を持つ。メディア・リテラシーに相当する能力が，重要な学力として認められてきたことの現れだと言える。

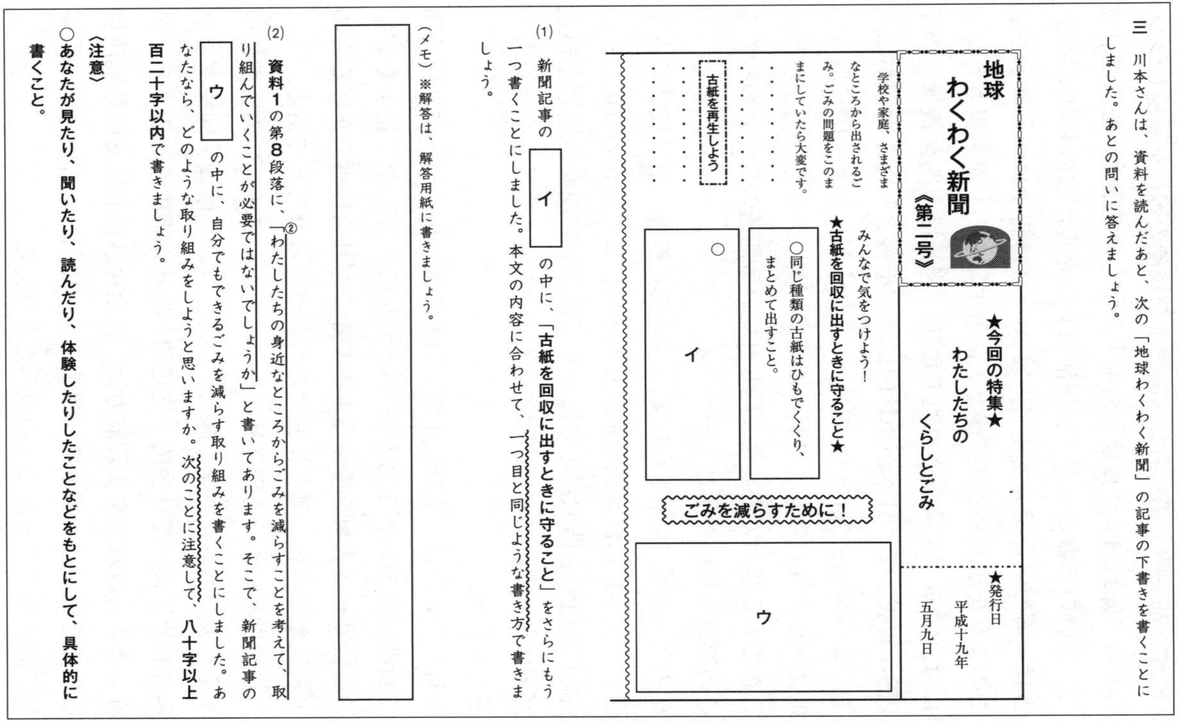

三　川本さんは、資料を読んだあと、次の「地球わくわく新聞」の記事の下書きを書くことにしました。あとの問いに答えましょう。

地球
わくわく新聞
《第二号》

★今回の特集★
わたしたちの
くらしとごみ

★発行日
平成十九年
五月九日

学校や家庭、さまざまなところから出されるごみ。ごみの問題をこのままにしていたら大変です。
・・・・・・・・・

古紙を再生しよう

・・・・・・・・・

みんなで気をつけよう！

★古紙を回収に出すときに守ること★

○同じ種類の古紙はひもでくくり、まとめて出すこと。

○
イ

ごみを減らすために！

ウ

(1)　新聞記事の イ の中に、「古紙を回収に出すときに守ること」をさらにもう一つ書くことにしました。本文の内容に合わせて、一つ目と同じような書き方で書きましょう。

（メモ）※解答は、解答用紙に書きましょう。

(2)　資料1の第8段落に、「②わたしたちの身近なところからごみを減らすことを考えて、取り組んでいくことが必要ではないでしょうか」と書いてあります。そこで、新聞記事の ウ の中に、自分でもできるごみを減らす取り組みを書くことにしました。あなたなら、どのような取り組みをしようと思いますか。次のことに注意して、八十字以上百二十字以内で書きましょう。

〈注意〉
○あなたが見たり、聞いたり、読んだり、体験したりしたことなどをもとにして、具体的に書くこと。

図 13－1　学力調査の問題例

出典：国立教育政策研究会　教育課程研究センター「平成 19 年度全国学力・学習状況調査　小学校　国語Ｂ」より
https://www.nier.go.jp/tyousa/07mondai_shou_kokugo_b.pdf（2023. 02. 28 確認）

このように全国学力・学習状況調査では，新聞やチラシを扱った問題が出題され，情報を読み解く力や日常生活の経験から自分の考えを述べること，文脈を考えながら表現することが「学力」として問われた。新聞や雑誌などのマスメディア，あるいは作戦図やプレゼンテーションなど少人数の意思伝達まで含め複数回出題されている。

平成24年度全国学力・学習状況調査　小学校・国語B問題では，子どもにマラソンのことを知ってもらいたいという相手意識・目的意識を持った雑誌が題材に使われている。雑誌記事を読み解き，「雑誌や記事の特徴」に関する問題，「編集者のねらい」に関する問題に回答するものである。

ここで問われている活用型の学力には，「雑誌というメディアの特性を理解していること」が含まれていると考えることができる。雑誌は，言葉と写真で伝えるメディアであり，見出し，リード，本文，コラムなど，それぞれに役割を持つ構成要素から成り立っている。また，定期的に発行されるもので，特集が組まれることがある。そして，目的を持った送り手の意図によって構成されており，ターゲットを想定して編集されたものである。

なぜこのようなことが問われるのかといえば，メディアが私たちのコミュニケーションや社会生活に欠かせないものであり，知識や技能が活用される必然性のある場面に存在しているからに他ならない。このように日常的な社会生活と密接に関係するメディアのあり方について捉え直すことが問われている中，あらゆる教科・領域でメディア教育の意義が認められてきている。

3．葛藤する問題解決場面

このような学力の育成を考える上で，参考になる実践事例を紹介したい。佐藤幸江氏（当時，横浜市立高田小学校・教諭）は，4年生国語の授業で新聞作りをする授業を行った。上位学年である5年生が，学校全体のために，どのような委員会活動をしているのか取材し，保護者に伝える新聞制作の学習活動である（図13 - 2）。

4年1組
ウキウキ新聞
パワーいっぱい高田小
横浜市立高田小学校（松井佳奈子校長）では、 月 日（土曜日）、これまでの学習の成果を発表する「学習発表会」が開かれた。
各学級で工夫した発表が行われ、たくさんの保護者や地域の方々で、にぎわった
4年1組ではアップとルーズの写真を資料にした発表やクイズ、劇に取り組んだ。
伝えよう！たかたのまちのたからものマップ
高田の町には、まちに住む人の「いのち・生活・伝統を守る」しくみがある。1組では、それらについてチームで調べて、まとめた。
「すばらしい！チームワークよく発表できていました。たかたの町のことが、よくわかりました。」
すき間ま
バスケットゴールの下もきれいにしている

図13－2　作品例（著者撮影）

この実践において，ひと通りの取材を終えて，いざ記事にしていこうとする場面で，あるグループの子どもたちは判断に迷う事態に直面した。「なぜこの委員会をすることにしたのですか？」と5年生にインタビューしたところ「ジャンケンで決めた」という答えが返ってきたというのである。

もしこのことをそのまま記事にすると「主体性のない5年生」という悪いイメージになってしまう。しかし，載せないと事実を隠蔽したことになるのではないか，ということを子どもたち同士で話し合っていたのだ。結局，この事例では，教師や外部講師のアドバイスを受け，再取材

を行った。さらに詳しく聞くことで，きっかけはジャンケンだったけれど誇りをもって活動をしているという話を聞くことができ，それを含めて記事にしたということである。

さて，この事例からまず考えるべきことは，「ジャンケンで決めた」と書くことが本当に「事実」を伝えたことになるのかどうか，ということである。もしかすると，冗談や照れ隠しで出た言葉であって，「自分たちはやる気がない」ということを意図して話したのではない可能性もある。また，たった1人が言った言葉が，すべての5年生のイメージを作ってしまう可能性にも留意する必要がある。つまり，そう話したこと自体は事実だとしても，それは取材対象の一面にすぎないことであり，その部分だけを取材対象を知らない人に伝えると誤解を広めてしまうことにもなる。

このように表現・発信することの難しさや責任を実感できる場面は，実際にメディアを制作してみないと経験できない。「新聞とは事実をありのままに伝えるもの」と考えていた子どもたちは，それほど単純なものではない，ということを理解したはずである。メディアを制作し，人に物事を伝えることの難しさを知ることによって，受け手としてメディアとどう接していくか，送り手としてどう表現・発信していくかということについても考えることができたといえる。

4. メディア教育を阻害してきた要因

以上のように，学習指導要領・学力テストが目指している学力や問うている内容には，メディア・リテラシーと関わりがあるものも含まれるようになってきている。しかし，「メディア・リテラシーを育成すること」を目的として掲げてはいない。そのため，各教科領域においてどのようにメディア教育を取り入れていくか考える必要がある。しかし，そのような取り組みを行う上での課題も存在する。

これまでも，特に1990年代以降，メディア教育の実践が多数開発され，実際に取り組まれてきた。しかしながら，その後，そうした取り組みが十分に普及したとは言い難い。山内（2003）は，メディア教育が普及しない理由として次の5点を挙げている。

①社会的にメディア・リテラシーやその教育の必要性が認知されていないこと。
②学習指導要領で定められていないこと（関連がある教科・領域で，分断して扱うしかない）。
③教員養成系の大学にメディア・リテラシーに関するコースがないこと。
④教師の支援体制が十分に整っていないこと。
⑤教師は「大衆メディア」を教室に持ち込むことに抵抗があること。

また，これを踏まえ中橋ら（2009）は，メディア・リテラシー教育を実践した経験を持つ教師を対象に電子メールを用いた往復書簡形式の聞き取り調査を行っている。データを整理した結果，現場教師の感じている「メディア教育を阻害してきた要因」は，次のように整理された。

（1）認知されていないこと
・実践している教師は多いが，それをメディア・リテラシー実践と認識していないから
・重要性を認識していないから
（2）強制力がないこと
・義務化されていないから

・教科書がない・取り扱われていないから
・意欲がないから
（3）負担が大きいこと
・新しいものに取り組みにくい多忙な状況があるから
・簡単に評価できないから
・指導が面倒（大変）だから
・単元を開発する時間がないから
・難しいという印象があるから
（4）従来の教科学力に囚われていること
・従前からの国語教育の指導内容イメージから抜け出せないから
・国語で文学指導を中心としてきたから
・「批判的に」よりも「正確に」読み取ることが重視されるから
・情報を中立なものと思う傾向があるから
・自らがメディア・リテラシー教育を受けた経験がないから

これらの結果を，先に示した山内の整理と比較すると「（1）認知されていない」という理由は，「①社会的にメディア・リテラシーやその教育の必要性が認知されていないこと」と近い内容である。ただし，ある教師からは，「国語の授業で行われている学習は，ほとんどが「メディア・リテラシー教育」といってもいいと思います。ただし，多くの教師が「メディア・リテラシー」という言葉に振り回されて「実践していない･･･」と答えているだけで，実践している教師は多いと思います。」といった意見もあり，認知されていないことと実践されていないことは，必ずしも同じではないとする指摘もあった。

次に，「（2）強制力がない」という理由は，「②学習指導要領で定められていないこと」と内容が近い。「教科書に明記されていないため，その範疇を超えた内容については，実践の必要性を感じていない（教師がいる)」という指摘からもわかるように，必須ではない何か特別な授業だと認識されているようである。

また，「(3）負担が大きい」という理由は，直接的ではないが「④教師の支援体制が十分に整っていないこと」と関連があると言える。ただし，これは教師の仕事量が純粋に増加していることが要因になっているという見方もできる。時間的余裕がなく，心理的負担が大きな障壁となっているという指摘は，単に研修や教材の支援体制だけで乗り越えられるものではないことを示唆している。

山内の挙げた要因と直接合致しないものとして特に注目したいのが，「(4）従来の教科学力に囚われている」という理由である。特に国語教育の伝統的な学力観が阻害要因として挙げられているが，一方で「国語科ではPISA型読解力のところから自然にメディア・リテラシー教育がはいっていくことを感じています。」などの記述があった。少しずつ学力観の転換が行われ始めているが，伝統的な学力観に囚われすぎることがメディア教育を阻害する要因となることが示唆された。

5．教育機会の保障をどう考えるか

メディア・リテラシーは，この社会で生きる上で必要不可欠な能力である。そうした認識の広まりからか，義務教育段階においてもメディアに関わる教育が行われつつある。しかしながら，学習指導要領で「メディア・リテラシー」という言葉は使われておらず，現段階において教育の機会が保障されているとは言いがたい。

例えば，コミュニケーション手段としてコンピュータやネットワークを活用する授業や情報通信産業について学ぶ社会科の授業，パンフレット制作や新聞制作に取り組む国語の授業などが行われてはいるが，各教科にはそれぞれの目的があるため，メディアについて学ぶ教育の機会が保障されているわけではない。こうした状況を改善するものとして期待されるのが，新教科創設に関わる取り組みである。

京都教育大学附属桃山小学校は，文部科学省の研究指定（2011～2013年）を受けて新教科「メディア・コミュニケーション科」の開発研究を行った。山川（2012）らは，新教科「メディア・コミュニケーション科」の目標を「社会生活の中から生まれる疑問や課題に対し，メディアの特性を理解したうえで情報を収集し，批判的に読み解き，整理しながら自らの考えを構築し，相手を意識しながら発信できる能力と，考えを伝えあい・深めあおうとする態度を育てる。」としている。また，「子どもたちに付けたい力」を以下の5つに整理している。

①相手の存在を意識し，その立場や状況を考える力
②メディアの持つ特性を理解し，必要に応じて得られた情報を取捨選択する力
③批判的に情報を読み解き，論理的に思考する力
④情報を整理し，目的に応じて正しくメディアを活用していく力
⑤情報が社会に与える影響を理解し，責任を持って適切な発信表現ができる力

このような力を子どもたちに育むべく，6年間を通じたカリキュラムを開発し，授業を実践し，評価を重ねてきた。その中から実践事例を1つ紹介する。

木村壮宏氏・宮本幸美江氏（当時，京都教育大学附属桃山小学校・教諭）は，4年生を対象に，新聞とテレビニュースの比較・分析を通じて，それぞれのメディアの特性について学ぶ実践を行った。全10時間の単

元で，同じ事実の内容に関する複数の新聞記事を読み比べる活動（3時間），同じ事実の内容をテレビニュースと新聞記事で比べる活動（3時間），制作者と受け手の思いや伝わり方について考える活動（4時間）で構成されている。

指導案に示された単元の目標は，以下の通りである。

単元の目標

・新聞やテレビニュースで扱われている同じ事実の内容について，その取り上げ方や記事の書き方に興味を持ち，それらの違いについて話し合い，進んで考えていこうとする。

【メディア活用への関心・意欲・態度】

・既成の新聞やニュース，自分たちの作った新聞を読み比べてみることを通して，事実の取り上げ方や記事の書き方の特徴について考える。また，送り手の思いと受け手の受け止め方に違いがあることについて話し合い，思いの伝え方について考える。

【メディア活用の思考・判断・表現】

・新聞やテレビニュースで扱われている同じ事実の内容について比較する活動を通して，新聞記事やテレビニュースの長短所を知る。また，それぞれのメディアを取り扱う際のマナーについて理解する。

【メディア活用に関する知識・理解・技能】

そして，単元の評価基準を次のように定めている。

◯メディア活用への関心・意欲・態度

・新聞記事を読み比べ，取り上げ方の違いについて進んで考えていく。

・新聞記事とテレビニュースを比較し，それぞれの特性について進んで考えていく。
・責任を持って発信することの大切さについて考えを深め合う。
◯メディア活用の思考・判断・表現
・新聞記事を見比べ，共通点や違いについてそれぞれの考えを比較する。
・新聞記事とテレビニュースを比較し，それぞれの特性についてまとめていく。
・それぞれの特性を活かした思いの伝え方について考える。
◯メディア活用に関する知識・理解・技能
・記事の取り上げ方は，送り手の持つ価値観や発信力によって，扱い方が変わることを理解する。
・テレビニュースや新聞記事の特性について理解する。
・それぞれのメディアを取り扱う際のマナーについて理解する。

このように，「関心・意欲・態度」「思考・判断・表現」「知識・理解・技能」の観点から，目標と評価について詳細に整理されている。ある出来事を伝えようとする時には，送り手の意図によって情報の取捨選択が行われる。送り手の意図は送り手自身の価値観によるものであると同時に，受け手が求めている情報がどのようなものかということにも影響を受ける。メディアが媒介している情報はそれを取り巻く状況に依存しており，単純な記号の交換ではない。メディアは，ある事象の一面を切り取って伝えることしかできないという限界を持ちながらも，目的に応じて機能的な特性を活かせる伝達手段を選択することができる。こうしたことを主たる目的として設定し，学習の達成を評価することまで踏み込むことは，既存の教科では難しかった。

以上のように，本校では，義務教育における教科として共通に学ぶべきことは何か，どのような授業の方法が適切か，教材はどのようなものが必要かなど，地道な研究がなされてきた。既存教科の枠組みで保障することが難しい内容を，正面から取り扱うことによって社会に生きるために必要なメディア・リテラシーが育まれると期待される。このような研究開発学校の取り組みが，直ちに全国展開されることはないにしても，得られた成果は意義深く，歴史に残る重要な一歩であったと言えるだろう。

参考文献

国立教育政策研究所　教育課程研究センター「全国学力・学習状況調査」調査問題・解説資料等について
http://www.nier.go.jp/kaihatsu/zenkokugakuryoku.html（2023. 02. 28 確認）

文部科学省「全国学力・学習状況調査の概要について」
http://www.mext.go.jp/a_menu/shotou/gakuryoku-chousa/index.htm
（2023. 02. 28 確認）

文部科学省「小学校　学習指導要領（平成 29 年 3 月告示）」
https://www.mext.go.jp/component/a_menu/education/micro_detail/__icsFiles/afieldfile/2018/09/05/1384661_4_3_2.pdf（2023. 02. 28 確認）

中橋　雄・中川一史・奥泉　香（2009）「メディア・リテラシー教育を阻害してきた要因に関する調査」第 16 回日本教育メディア学会年次大会大会論文集，pp. 123-124.

山内祐平（2003）『デジタル社会のリテラシー』岩波書店，pp. 48-51.

山川　拓・浅井和行・中橋　雄（2012）「メディア・コミュニケーション科」の開発(2)，第 18 回日本教育メディア学会年次大会発表論文集，pp. 3-4.

―付記―

本章は，中橋　雄（2021）『改訂版 メディア・リテラシー論―ソーシャルメディア時代のメディア教育』北樹出版，3 章・8 章の一部を基にして執筆したものである。

14 メディア教育を支援する教材とガイド

中橋　雄

《目標&ポイント》 本章では，わが国の学校教育におけるメディア教育が，学校外の機関によってどのように支援されてきたのかということについて学ぶ。メディア教育用の教材は，総務省，公共放送，シンクタンク，研究者など，さまざまな立場のもとで開発されてきた。こうした教材が，どのような学習内容を取り上げ，どのような方法で学習を促進させようとしてきたのか確認する。また，こうした支援を継続的に行う上での課題について検討する。
《キーワード》 教材，リソースガイド，総務省，学校放送，シンクタンク，研究者

1. メディア教育を支援する教材

メディア・リテラシーを育む教育実践の重要性を理解したとしても，教師が実際に実践を行うとは限らない。教師自身がメディア教育を受けたことがない場合が多く，どのように教えてよいかわからないという問題に直面することがある。また，教科書・教材がない場合に，何もないところから準備することは，教師にとって大きな負担となる。

そのため，メディア教育を充実させようと考える教師は教員研修会に参加することや書籍，Web サイト等で情報を収集することを通じて，メディア・リテラシーを育むための学習内容や教育方法について学ぶ必要がある。また，そのような教師を支援するためにさまざまな教材やガイドが開発・共有される必要もあるだろう。教材は，教育活動を効率良く進めるために活用されるのはもちろんのこと，それらの活用を通じて教

師が教育内容についての理解を深め，教育方法を身に付けていくことにも役立つと考えられる。

このような教師を支援する教材を開発する取り組みは，さまざまな立場のもとで行われてきた。例えば，放送・通信を管轄する総務省はメディア教育用の教材開発に取り組んでいる。また，放送局が提供する学校放送番組もある。シンクタンクによる教材開発も行われている。これらの企画・開発には，研究者や実践者が関わっているが，研究者が独自に研究・開発・公開している教材もある。

この章では，いくつかの教材例を取り上げて，メディア教育を支援するために誰がどのような取り組みをしてきたのか，それがどのような意味を持つのかということについて考えていきたい。

2. 国の取り組み

メディア・リテラシーの向上に関する国による取り組みがある。放送と通信を管轄している総務省は，「放送分野におけるメディア・リテラシー」「ICT メディアリテラシーの育成」に関する事業を行い，教材を公開・貸し出している。

放送分野におけるメディア・リテラシーに関しては，小・中学生および高校生用のメディア・リテラシー教材と教育者向けの情報を開発し，広く貸し出している。これらの教材は，総務省が公募して，教師や研究者や企業等が開発したものである。

貸し出し用の教材には，例えば，小学校高学年用教材「ストーリーは君しだい！　ドキュメンタリーの真実」という映像教材がある。この25分間の映像教材には6つの「シンキングタイム」があり，そこで一時停止しながら，一緒に視聴する学習者同士で意見交換して学び合う授業ができるように構成されている。映像では，小学5年生の子どもたちがプロのカメラマン，ディレクター（監督）の指導を受けながら，クラスメイトの「タロウ君」のドキュメンタリーを作るというストーリーが展開される。2つのグループに分かれて作品を作っていくが，同じ人物を題材にしたのに，撮影のアングル，編集，BGMやナレーションによって正反対の内容になる。そのことから，事実を取材して組み立てられるドキュメンタリーも番組として作られている以上，制作者の意図が存在しているということについて学ぶ教材である。

こうした映像教材や印刷物の教材を総務省から借りることができる（図14-1）。以前は，インタラクティブ性のあるデジタル教材もWebサイト上に公開されていたが，デジタル教材を使うために必要なアプリケーション（Flash）のサポートが終了したことから現在は使うことができなくなってしまった。

Webサイトのメニューは，「テレビの見方を学ぼう」「貸出教材の紹介」「教育者向け情報」の3つがある。まず，「テレビの見方を学ぼう」のコーナーでは，テレビに特化した教材を紹介するとともに，放送の仕組み，番組の種類，編集，テレビの見方を学ぶ必要性について言及している。テレビの見方を学ぶ必要性については，「メディアには制作者の意図が含まれており，それが人々の価値観の形成にも関わる」といったことに触れている。「貸出教材の紹介」のコーナーは，公募によって開発された教材の概要が紹介されている。教師は，この概要を参考にして教材を選択し，貸出の依頼をすることになる。「教育者向け情報」のコーナーは，教材を使った指導案，ワークシート，実践レポートなどを閲覧することができる。こうした情報を提供することによって，教材をどのように使えばよいかわからない，どのような授業をすればよいかわからないといった教師の不安を解消することができる。

総務省は，放送分野におけるメディア・リテラシーに関する事業だけではなく，「ICT メディアリテラシーの育成」に関する事業も行った。この事業は，小学生（高学年）向けと中高生向けに ICT メディアリテラシーを総合的に育成するプログラムを開発したものである。今後の ICT メディアの健全な利用の促進を図り，子どもが安全に安心してインターネットや携帯電話等を利活用できるようにすることを目指している。

図 14－1　総務省放送分野におけるメディア・リテラシーの Web サイト

出典：https://www.soumu.go.jp/main_sosiki/joho_tsusin/top/hoso/kyouzai.html
（2023.02.28 確認）

「ICT メディアリテラシー」という言葉は，学術的な用語として使われることはほとんどないが，この総務省の教材では，「ICT メディアリテラシー」を，「単なる ICT メディア（パソコン，携帯電話など）の活用・操作能力のみならず，メディアの特性を理解する能力，メディアにおける送り手の意図を読み解く能力，メディアを通じたコミュニケーション能力までを含む概念」と定義している。

この「ICT メディアリテラシー」を育むために，小学校向けの教材として，テキスト教材，インターネット補助教材，ワークシート，指導案が公開されている。テキスト教材として，教師が授業を行う方法が記された「ティーチャーズガイド」，学習者が用いる「学習テキスト」，家庭での振り返りを促すために保護者が用いる「家庭学習用ガイドブック」，学習者用の「学習ワークブック」をダウンロードできる。こうした教材を使いつつ，ワークシートに記入したり，教室内で議論したりする中で，ICT 機器を活用したコミュニケーションに関して学んでいく。

以前は，インターネット補助教材として，「ICT シミュレーター」というインタラクティブな Web 教材が用意されていた。検索，ブログ，ケータイ，迷惑メール，メールでのけんか，掲示板，チャットなどに関する教材である。しかし，デジタル教材を使うために必要なアプリケーション（Flash）のサポートが終了したことから現在は使うことができなくなってしまった。

中高生向けの教材で取り扱っているテーマは，「主体的なコミュニケーション（自他尊重のコミュニケーション）」「メールによるコミュニケーションのポイント，情報化社会への主体的参加」「クリティカルシンキング，クリエイティビティ，情報化社会への主体的参加」の 3 つである。それぞれに教育プログラムが公開されており，教育用リソースおよびリソースガイドとして，ビデオクリップ，シナリオ，スライド，掛図，ワークシート，アンケート，指導資料などをダウンロードできるようになっている。

まず，ビデオクリップのドラマを視聴し，ワークシートに考えたことを記入する。登場人物の振る舞いとして，何がよかったのか・よくなかったのかなどの問いに対する回答を考えて，シートに記入する。この教材は，スライドや掛図を使って，教師が解説したり問いかけたりしながら授業を行っていくことが想定されている。ビデオクリップのドラマのあらすじを以下に引用する。

◎主体的なコミュニケーション（自他尊重のコミュニケーション）

村井甲斐は，中学１年生ながら剣道部のエース。練習に励み，着実に力をつけ，レギュラーになりました。ブログを立ち上げ，剣道の練習のことや日々の思いを書いています。練習試合で，ライバル校のエース榎本直樹に勝ち，うれしさのあまりブログに，つい軽い気持ちで「結構，楽勝…」と書いてしまいました。すると50件を超える批判的な書込みがあり，甲斐は落ち込みます。書込みはだんだんエスカレートし，甲斐は練習する気をなくしてしまいました。ある日，甲斐を励ます書込みが寄せられました。それは，直樹からのものでした。

◎メールによるコミュニケーションのポイント，情報化社会への主体的参加

西高バスケ部副キャプテンの宮下とキャプテンの高橋は，チーム強化のため，隣校のように社会人のOBにコーチに来てもらえないだろうかと考えた。直接の知り合いもいなかったため，まずは“よっしー”こと大学生の吉田先輩に相談することを思いつく。早速，吉田先輩から全国大会出場経験のある，現在は社会人の小林先輩のメールアドレスを聞くことができたため，宮下は練習参加お願いのメールを送った。あっさりと小林先輩から練習参加OKの返信メールが届き，浮かれていた宮下のもとに，なぜか吉田先輩から困惑のメールが届いた。

◎クリティカルシンキング，クリエイティビテイ，情報化社会への主体的参加

月島中学校2年生の亜衣は持ち前の好奇心から，親友の真由を誘って図書室に掲示してあった「調べ学習コンクール」にチャレンジします。亜衣は父親のアドバイスでインターネットを使って調べ，真由は図書館で調べます。二人は毎日下校時刻まで調べ学習に没頭しますが，真由がブログ記事を見て，ふと“あること”に気づきます。

このような日常生活におけるコミュニケーションの場面において，どのように意思決定するとよいか考える教材である。

これらは，放送と通信の範囲で，総務省が行っている事業であること，公募によるものであるため内容が網羅されていないこと，アプリケーションのサポート終了によって公開を取りやめるものがでてきたこと，その代わりになるものが公開されていない状況があることなど，利用できる範囲は年々せまい範囲のものになっている。こうした制約はあるものの，国の事業として，この社会で生活する上で必要となる素養を示し，具体的に取り組まれてきたことは，注目に値する。

近年，総務省（2022）は，「メディア情報リテラシー向上施策の現状と課題等に関する調査結果報告」という資料を公開した。これは，主に偽・誤情報に対するメディア情報リテラシー向上施策について検討したものである。そして，これに関連して，「インターネットとの向き合い方～ニセ・誤情報に騙されないために～」という啓発教材を開発して公開している。重要な取り組みではあるが，前述したメディア・リテラシーの育成に関する教材開発とは目的が異なるものだと考えられる。送り手の意図によって構成されたものとしてメディアを読み解く力や創造的に表現・発信できる力を育成する教材も必要であり，その更新が行われな

くなることには問題がある。改めて，こうした分野の補充・拡充を行う事業が実施され，継続的な支援が行われる仕組みを作り上げていくことが望まれる。

3．公共放送の取り組み

NHK は，学校放送番組として，メディア・リテラシーの育成を目指した番組の制作・放送を行なってきた。例えば，次のような番組が放送されてきた。

◎「しらべてまとめて伝えよう～メディア入門」
- 放送期間：2000 年度～2004 年度
- 放送時間：15 分
- 学年と科目：小学 3・4 年，情報分野
- 番組の概要：情報活用のための基本的なスキルやルールを身につける小学校中学年向けの情報教育番組。さまざまな情報を「調べ・まとめ・伝える」活動を通して，自ら問題を解決する力を子どもたちに育てることをねらいとした。
  https://www2.nhk.or.jp/archives/tv60bin/detail/index.cgi?das_id=D0009042580_00000（2023. 02. 28 確認）

◎「体験！メディアの ABC」
- 放送期間：2001 年度～2003 年度
- 放送時間：15 分
- 学年と科目：小学校高学年，総合的な学習の時間
- 番組の概要：小学校高学年向けのメディアリテラシー番組。メディアで使われる手法を実際に体験して，情報の発信力と受容能力を同時に

育む「体験コーナー」と，マスメディアの世界で働く情報発信の仕事を紹介する「メディアのプロ」コーナーで構成。映像を中心にしたメディア情報の構成原理をわかりやすく解説し，子どもたちの「メディアを読み解く力」を養った。
https://www2.nhk.or.jp/archives/tv60bin/detail/index.cgi?das_id=D0009042586_00000（2023.02.28 確認）

◎「ティーンズTV　メディアを学ぼう」
・放送期間：2005年度〜2006年度
・放送時間：20分
・学年と科目：中学・高校，総合的な学習の時間
・番組の概要：高度情報化社会を生きる中学・高校生に向けたメディア・リテラシーを育む番組。テレビ・新聞・雑誌・インターネットなど，さまざまなメディアの実際の制作現場を取材し，日々あふれ出る膨大な情報が誰によってどのように作られているのか，その仕組みと現場の様子を紹介した。2006年度は再放送。
https://www2.nhk.or.jp/archives/tv60bin/detail/index.cgi?das_id=D0009043243_00000（2023.02.28 確認）

◎「10min．ボックス　情報・メディア」
・放送期間：2007年度〜2013年度
・放送時間：10分
・学年と科目：中学・高校，総合的な学習の時間・教科横断
・番組の概要：パソコンや携帯電話など，私たちの身の回りの情報環境やメディアのあり方が，いま急速に変化している。その学習を支援するための映像教材番組である。主に中学「技術（情報分野）」・高校「情

報」や「総合」,「国語」などでの情報読解や情報発信，あるいは「社会」での学習にも活用してもらえる内容をそろえている（放送当時の番組 Web サイトより）。

◎「メディアのめ」
・放送期間：2012 年度～2016 年度
・放送時間：10 分
・学年と科目：小学 4 ～ 6 年，総合的な学習の時間・教科横断
・番組の概要：小学 4 ～ 6 年生の総合学習の時間，国語・社会・道徳などに対応。現代社会にあふれかえる大量のメディア情報を，子どもたちが取捨選択して受け止めるとともに，積極的にメディアを使いこなしていく力「メディアリテラシー」を身に付けてもらうことを目指した。毎回，テレビ・インターネット・ケータイ・雑誌・新聞など身近なメディアを取り上げ，そのメディアの特性やプロの技，メディアとの上手な付き合い方を学んだ。
https://www2.nhk.or.jp/archives/tv60bin/detail/index.cgi?das_id=D0009042639_00000（2023.02.28 確認）

◎「メディアタイムズ」
・放送期間：2017 年度～2021 年度
・放送時間：10 分
・学年と科目：小学 4 ～ 6 年生・中学生，総合的な学習の時間・教科横断
・番組の概要：小学 4 ～ 6 年生・中学生向け「総合的な学習の時間」に対応する番組。仲間との話し合いを通して「メディア・リテラシー」を身に付けることをねらいとした。新聞や写真，テレビ，CM，ネッ

トニュースなど，さまざまなメディアの特性を紹介するとともに，メディアとどう向き合えばいいのか，教室に問いを投げかけた。
https://www2.nhk.or.jp/archives/tv60bin/detail/index.cgi?das_id=D0009042666_00000（2023.02.28 確認）

◎「@media（アッ！とメディア）」
・放送期間：2022 年度～現在放送中
・放送時間：10 分
・学年と科目：小学 4 ～ 6 年生・中学生，総合的な学習の時間・教科横断
・番組の概要：1 人 1 台端末時代の今，メディア・リテラシーを身に付けていないことで起こる身近な「ヒヤリハット」事例をドラマで紹介。「メディア」の特徴や社会に及ぼす影響は，VTR でわかりやすく伝える。
https://www.nhk.or.jp/school/sougou/atmedia/about/
（2023.02.28 確認）

放送局では，毎年，数多くの新しい番組企画が提案される。新しいものが採用されれば，打ち切られる番組やテーマもでてくる。学習指導要領（小・中学校：平成 29・30・31 年改訂）に「メディア・リテラシー」という言葉が使われていないことを考えても，メディア・リテラシーに関する番組はいつなくなってもおかしくない不安定な状況にあることを理解しておかなくてはならない。

それだけに，これまでメディア・リテラシーに関する番組作りが長年継続的に行われてきたことは注目に値する。これは，メディア・リテラシーを育成することに関する重要性を指摘してきた研究者，教育実践の

中で教材のニーズがあることを証明してきた学校現場の実践者，公共放送を担う影響力を持ったメディアとして社会貢献を果たそうとしてきた制作者の存在があってのことと考えられる。

NHK の取り組みは，放送番組だけではない。2021 年度から「つながる！NHK メディア・リテラシー教室」という取り組みが行われている（図 14 - 2）。これは，全国さまざまな地域の小学 5・6 年生の子どもたちがクラス単位のオンライン形式でつながり，進行役の NHK のアナウンサーと一緒に楽しみながら，メディア・リテラシーを身につける体験教室である。

図 14 - 2　「つながる！NHK メディア・リテラシー教室」Web サイト

出典：https://www.nhk.or.jp/info/about/ml/school.html（2023. 02. 28 確認）

NHK の Web サイトにある「NHK のご案内」の中には「メディア・リテラシー」という内容があり，以下のような説明がある。

> NHKではこれまで，放送リテラシー向上の取り組みとして，放送番組をはじめ，公開施設やイベント等で活動をおこなってきました。NHKは公共メディアとして，放送にとどまらず，インターネットの情報の受信・発信のリテラシーに関する教育への貢献を果たすため,「メディア・リテラシー向上の取り組み」として，小学生向けや学生・社会人向けのさまざまなプロジェクトを進めていきます。
>
> https://www.nhk.or.jp/info/about/ml/（2023.02.28確認）

こうした理念に基づき，長年蓄積してきた知見を継承して発展させていく，新たな取り組みに期待したい。

4．シンクタンクによる教材開発

2018年8月に設立されたシンクタンク「スマートニュースメディア研究所」は，ニュースやメディアが本当に社会や人々の役に立つためにはどうあるべきかを考えるさまざまな取り組みを行っている。その一環として，大学生や高校生向けに，メディア・リテラシーの育成に役立つシミュレーションゲーム教材「To Share or Not to Share」を開発している（図14-3）。この教材は，SNSでのコミュニケーションや情報収集を行うことが多くなっている一方で，誤情報・偽情報の拡散が社会問題化していることを問題意識として開発されたものである。

この教材は，シミュレータに表示される投稿を読み，フォロワーを増やすことを目的として，他の人が関心を持ちそうな投稿をシェアする体験をするものである。教材の中で流れる投稿には，虚偽情報が含まれており，シェアするか否かを判断し，その結果起こるフォロワー数の変動を体感する。日頃の情報の受け取り方，発信の仕方について振り返ることや，SNSの根幹にあるアルゴリズムについても考えるきっかけを与えることが目的となっている。

図 14－3 「To Share or Not to Share」の Web サイト
出典：https://media-literacy.smartnews-smri.com（2023. 02. 28 確認）

5. 研究者による教材開発

研究者によって開発された教材もある。それらは，授業設計・指導方法の未開発，学習リソース不足，教師支援の不足などを問題意識として開発されている。

（1） 報道に対する思い込みを防ぐ教材

中橋ら（2021a, 2021b）は，報道に対する思い込みを防ぐメディア・リテラシー教育用教材を開発している。その教材の１つには，「高齢者は事故を起こしやすい!?」というストーリーの音声付きスライドショーを視聴しながら学ぶものがある。高齢者が交通事故を起こしたというニュースを繰り返し視聴した物語の主人公が，事故を起こすのは高齢者ばかりだと思い込む。そして，その解釈が正しいかどうかという問いが提示される。学習者は，考えをワークシートに書き，グループで話し合った後，続きの解説編動画を視聴する。「高齢者が事故を起こした」ということは事実でも，「最近，高齢者の事故が増えている気がする」というのは，印象・意見であり，「高齢者ばかりが事故を起こしている」と勝手な思い込みをしないようにしようという解説がなされる（図14-4）。

交通事故は，個人の問題であると同時に社会の問題でもある。解決策を模索することは重要だが，高齢者の事故のニュースが多いことを理由に，高齢者に免許返納を迫るとよいのではないかと考えてしまうことには問題がある。高齢者の事故のニュースを見た時に「最近多いな」と感じたなら，まず，「本当にそうだろうか？」と考えてみることが重要である。勝手な思い込みをすると，事故を起こした人は高齢者の中でも一部の人なのに，高齢者全員から免許を取りあげる必要があるということになってしまうと，必要以上に高齢者の権利を奪うことになる。さらに，高齢者は問題だというラベルを貼って，差別することにつながってしまうことも危惧される。交通事故のケースでデータを調べると，件数自体は高齢者よりも若者の方が多い。ただし，踏み間違えによる死亡事故の件数でみると高齢者の方が多いデータはある。また，時期によっても多少変動はある。こうしたデータのどの部分を切り取るかによって，伝わる内容の印象は変わってくる。

報道は，正確で客観的な情報を提供していると思われがちであるが，伝えたいことをわかりやすく伝えるために事実と意見が含まれている。伝えることができる事実は，送り手の意図によって切り取られた一面でしかなく，伝えられていない事実も必ず存在する。そうした特性は，「偏見や差別を生み出す構造」となることがある。意見を事実だと思い込むことがないようにすることや，明らかにされている事実だけでなく，他の捉え方ができないか考えて解釈する必要性について学ぶ教材である。

図 14－4　教材の一場面（中橋ら 2021a）

（2）ネット時代のメディア・リテラシー教材

森本（2012）は，すでに発行されているメディア・リテラシー教育用の教材を発展・補完させる形で，教材開発を行った。主として学校教育において，小学生～高校生の子どもが，長期的・体系的にクリティカルな分析方法を獲得するためのメディア・リテラシー教育を可能にするための授業案，実践方法，ワークシート，評価などが提供されている。

学習テーマとしては，インターネットに関するものとして「インターネットと広告」「メディアの信頼性」「インターネットとオーディエンス」「なぜ人間はSNSを介してコミュニケーションをするのか？」といった教材がある。次に，テレビに関するものとして「ヒーローって何？」「自分たちの言いたいことを表現する映像作品をつくろう」「音楽ビデオ（PV）の分析」がある。また，新聞に関するものとして「新聞編集者になって，記事をつくってみよう」「新聞の構成を理解し，構成のされ方を比較する」がある。さらに，その他のものとして「同じニュースを各種メディアで比較する」「ポスター広告にみるリプレゼンテーション」「広告を切り貼りして，新しい広告をつくろう」「科学技術の利用についてのリプレゼンテーション」「私たちが普段付き合っているメディアについて，互いにインタビューしよう」「アメリカ人から見たアジアの俳優のステレオタイプ」「パロディ広告をつくろう」がある。

カナダのオンタリオ州におけるメディア・リテラシー教育実践に基本理念を置きつつ，テクスト分析，協働学習，文脈分析，制作活動などの学習活動と学習者のパフォーマンスを評価する方法が整理されている。

6. さらなる発展のために

以上のように，さまざまな立場から教育の現場を支援する取り組みが行われてきた。ここで紹介した教材開発の取り組みは，恒常的なものとは言えず，社会の状況によっては，これに関わる予算措置がいつまでも続くとは限らない。教育分野を管轄している文部科学省は，現時点において前面に出てメディア教育用教材の開発を実行・推進していない。また，学習指導要領（平成29・30・31年改訂）に「メディア・リテラシー」という言葉は使われていない。

しかし，文部科学省の検定教科書では，社会科，情報科などで「メディア・リテラシー」という言葉が用いられているものもある。さらに，国語科を中心として，さまざまな教科で，調べ，学んだことや何かしらの課題解決を目的としてパンフレット，新聞，映像作品などのメディアで表現する言語活動が取り入れられている。メディア・リテラシーの重要性を感じて実践を構想する教師は，こうしたところを拠り所にして実践に取り組んでいる。

メディア教育を行う必要性を感じている現場の教師は，そうした取り組みを支援するために開発された教材を活用しながら実践している状況がある。一方，こうした支援は恒常的なものとは言えないし，限定的なものであると言わざるをえない。

メディア・リテラシーという能力は，人と人との関わりの中で求められる能力であるとともに，人が学び，成長していくために不可欠な能力である。専門的な能力として専門家が身に付けていればよいものではなく，社会を構成するすべての人に育まれる必要がある。

本稿で確認してきたように，こうした能力を育むにあたり，教材開発の取り組みが今後も重要な役割を果たすことになる。学習指導要領におけるメディア教育の取り扱いを検討することも含め，文部科学省がこうした教材開発に関する支援体制を整え，メディア教育を推進していくことが望まれる。

参考文献

森本洋介（2012）「ネット時代のメディア・リテラシー教材報告書」
http://www.mlpj.org/cy/cy-pdf/ml_material_for_students.pdf
（2023.02.28 確認）
中橋　雄・中野春花・浦部文也（2021a）「報道に対する思い込みと拡散を防ぐメディア・リテラシー教育用教材」日本教育工学会2021年春季全国大会（第38回

大会）講演論文集　pp. 277-278（オンライン開催ホスト校：関西学院大学，2021年3月6日）
中橋　雄・浦部文也・岡本光司（2021b）「報道を読み解く力を育成する教材の評価―1人1台情報端末活用で求められるメディア・リテラシーとは―」日本教育メディア学会第28回年次大会論文集 pp. 23-26（オンライン開催ホスト校：早稲田大学，2021年12月19日）
NHK「つながる！NHK メディア・リテラシー教室」
https://www.nhk.or.jp/info/about/ml/school.html（2023. 02. 28 確認）
NHK「メディア・リテラシー」
https://www.nhk.or.jp/info/about/ml/（2023. 02. 28 確認）
総務省「放送分野におけるメディア・リテラシーの調査研究と教材開発」
http://www.soumu.go.jp/main_sosiki/joho_tsusin/top/hoso/kyouzai.html（2023. 02. 28 確認）
総務省「ICT メディアリテラシーの育成」
http://www.soumu.go.jp/main_sosiki/joho_tsusin/kyouiku_joho-ka/media_literacy.html（2023. 02. 28 確認）
総務省（2022）「メディア情報リテラシー向上施策の現状と課題等に関する調査結果報告」
https://www.soumu.go.jp/main_content/000820476.pdf（2023. 02. 28 確認）
スマートニュースメディア研究所「「ソーシャルメディアでの情報の受発信」について学ぶオンラインゲーム教材」
https://media-literacy.smartnews-smri.com（2023. 02. 28 確認）

―付記―

本章は，中橋　雄（2021）『改訂版 メディア・リテラシー論―ソーシャルメディア時代のメディア教育』北樹出版，10章の一部を基にして執筆したものである。

15　ソーシャルメディア時代のメディア教育

中橋　雄

《**目標＆ポイント**》 本章では，ソーシャルメディアが普及した時代に求められるメディア・リテラシーとその教育のあり方について考える必要性について学ぶ。ソーシャルメディアは，人と人との関わりによってコンテンツが生成される特性を持つことから，これまでのメディア教育とは異なる教育内容と方法が必要になる。まず，ソーシャルメディア時代とはどのような時代なのか確認する。その上で，どのような学習目標を設定し，学習活動を行う必要があるのか解説する。
《**キーワード**》 ソーシャルメディア，User Generated Contents，学習目標，学習活動

1．ソーシャルメディアとは何か

ソーシャルメディア時代に求められるメディア・リテラシーについて考える上で，まず，「ソーシャルメディアとは何か」ということについて考えておく必要があるだろう。ソーシャルメディアとは，Facebook などの SNS，LINE などの無料通話アプリ，YouTube などの動画共有サイトなど，ユーザー同士が関わる中でコンテンツが生成されるという特徴を持つメディアのことである。運営会社によって仕組みやサービスは少しずつ異なるが，情報の閲覧，発信，評価，拡散などによってコンテンツが生成される。自分が見たいと思う情報発信者の情報を一覧表示できるようにフォローして閲覧し，気に入ったものを「いいね」ボタン

で評価したり，「リポスト」や「シェア」ボタンで自分の情報発信を閲覧しているフォロワーに共有したりすることができる。こうした仕組みは，ソーシャルメディアの種類によってそれぞれ独自の機能を持ち，それを活かしたサービスが提供され，既存のメディアと連携したり，差別化したりしながらコミュニケーションの場が形成されてきた。サービスの開発者・運営者は，使い方を想定して機能を提供するが，それをどのように活用していくかは，ユーザー次第ということができる。

新聞，雑誌，テレビ，ラジオなどのマスメディアは，同じ情報を広く伝えることができるところに特徴がある。その多くは企業として運営されており，新聞記者やテレビ番組のディレクターなど，それを職業とする人が送り手となり，読者や視聴者が受け手となる。一方，ソーシャルメディアの場合，運営者は情報プラットフォームとしての役割を果たし，それを使うユーザーが情報の内容を生み出す送り手の役割と受け手の役割両方を果たすことが多い。ユーザーは，一般の人はもちろんのこと，企業の広報担当者やマスコミ関連企業の場合もある。

例えば，SNSを利用してニュースを配信している新聞社もある。読者は，リンクをクリックすると新聞社のサイトで記事の詳細を読むことができる。記事には広告も表示されており新聞社は広告収入を得ている。紙の新聞を売店で販売したり，配達したりしていた時代から，Webサイトでデジタル化した新聞を購読できる時代になり，さらに記事によっては広告を見る代わりに無料で読むことができるようになった。こうした変化は，単に流通経路が増えたという話にとどまるものではない。

先に述べたとおりソーシャルメディアでは，「いいね」ボタンで評価したり，「シェア」ボタンでつながりのあるユーザーと共有したりすることができる。フォローしているユーザーが生み出す情報が一覧表示されたタイムラインには，フォローしているユーザーが共有した情報も表示される。その情報を自分も共有すれば，それを広めることができる。人の判断によって共有されたものほど多くの人の目に入る。1つの記事の影響力は，その場に参加する人々が共有するかどうかに左右されるメディアである。その分，共有されやすくするために表現を工夫したり，感情に訴えかけるような表現が多く使われたりすることになる。根拠のないうわさ話は，興味を持たれやすく，他の人にも伝えたいと思われやすいことから，デマが拡散しやすい構造にもあるといえる。それだけに誰がなんのために発信した情報なのか，読み解く必要がある。また，それを拡散することがどのような影響力を持つのか考えて共有するかどうか慎重に判断する必要があるメディアだといえる。

2. ソーシャルメディア時代のメディア・リテラシー

新しいテクノロジーやサービスが生まれ，さまざまな使われ方がされることによって，人々のライフスタイルやコミュニケーションは変化していく。そして，それに応じた能力が求められることになる。例えば，文字だけのやり取りだと感情が伝わらずトラブルが起きやすいことを知った上で表現に配慮する能力が求められることになる。また，自分の送ったメッセージを相手が確認して「既読」の通知があったとしても，相手がすぐ返事できる状況にない場合があることを知った上で，過度に不安にならないように自分の気持ちをコントロールする力が求められる。さらに，自分の目にしているタイムラインは，限られた人々の考えであることを知った上で，それを世論だと思い込まないようにする力も求められる。

ソーシャルメディアは，「フィルターバブル」「エコーチェンバー」といった現象を生じさせると言われている（津田・日比 2017）。「フィルターバブル」とは，まるで泡に包まれたかのように，泡の外にある情報を見えにくくして，泡の中にある自分が見たいと思う情報だけを目にする現象のことである。「エコーチェンバー」とは，音が反響する部屋のように，あるコミュニティの中で自分と似た思想に多く接することで，その考えが増幅され，外にあるコミュニティの考えよりも優位に感じられる現象のことである。こうした現象によって，人々は世の中に多様な考えがあることに気づきにくくなるとともに，異なる考えに触れた際に理解しようとせず攻撃的な姿勢になりやすくなってしまう。

こうした現象と関連して，「フェイクニュース」「ポスト・トゥルース」という言葉も注目されるようになった。「フェイクニュース」は，一般的によく知られる言葉になったものの，定義が曖昧で人によって認識が異なるともいわれている。ここでは，やや大雑把に「うその情報で作られたニュース」のことであると定義しておく。「ポスト・トゥルース」とは，客観的な事実よりも感情的な主張が影響力を持つような政治状況のことを意味する。政治家および政治に感心のある人や客観的な裏付けがない政治的な思想を感情に訴えかける方法で語り，同じような考えを持つ人々がそれに共鳴し，増幅される。ソーシャルメディアの持つ構造は，そうした現象を生じさせやすくさせたと考えることができる（藤代 2017）。

このように，ソーシャルメディアは，「これまで関わることがなかったような人々と関わる環境」でもあり，「同じ興味関心を持つ人々とグループを作り交流できる環境」であるとともに，「異なる思想や価値感を持つ人々との関わりを見えにくくする環境」を生み出した。人と人とが関わり，小さな社会・コミュニティがいくつも生み出され，独自の文化や価値観が形成される。人々は，ソーシャルメディアを通じて，これまで以上に多様な社会に複数属して社会生活を営んでいる。このようなメディア環境が人々にとってどのような意味を持つのか考え，行動していくための能力が重要となる。それが，ソーシャルメディア時代のメディア・リテラシーということになる。

思想が似た人同士をつなげる環境において，異なる思想に触れた時に混乱や争いが生じないようにするためにはどうしたらよいか，社会全体で望ましいメディアのあり方について考えることが求められている。こうしたソーシャルメディア時代のメディア・リテラシーを，これからの時代を生きる子どもたちに育むことは喫緊の課題といえる。

3．メディア教育の内容と方法

ソーシャルメディア時代とは，「ソーシャルメディアだけを使う時代」ということを意味するものではない。さまざまなメディアに加えてソーシャルメディアの影響力が高まってきた時代であると捉える必要がある。そのため，従来のメディアに関して学ぶ教育もソーシャルメディア時代のメディア・リテラシー教育だといえる。ソーシャルメディアについて学ぶことに加えて，ソーシャルメディアの登場によって既存のメディアがどのように変化しているか学ぶことも重要である。さらに，既存のメディアと異なる特性を持つソーシャルメディアが，人と人との関わり，価値観やライフスタイルにどのような影響を及ぼすのかを学ぶことが重要である。では，具体的にどのような教育実践を行っていく必要があるのだろうか。

ソーシャルメディアは，人と人との関わりによってコンテンツが生成される特性を持つことから，これまでのメディア教育とは異なる教育内容と方法が必要になる。以下では，中橋ら（2017）において開発された単元と実践事例に基づき，ソーシャルメディア時代のメディア・リテラシーを育むための教育内容と方法について考えたい。

山口眞希氏（当時，金沢市立小坂小学校・教諭）は，小学校 4 年生を

対象として，学級内に限定したSNSの活用を通じてコミュニティにふさわしい投稿内容や言葉の使い方について考える実践を行った。図 15 - 1 に示した通り，「ソーシャルメディア時代のメディア・リテラシーの構成要素（第 10 章参照）」に基づく単元が構想された。この単元は，日常的な SNS での交流活動と関連させた 6 時間の授業で構成されている。授業実践は，国語，特別活動，総合的な学習の時間を組み合わせて実施された。

日常的な SNS の交流活動には，教育用 SNS「ednity」が利用された（https://www.ednity.com）。「ednity」は，Facebook などの SNS に似た形式で，記事や写真の投稿，リンクの貼り付け，返信コメントや「いいね」ボタンで記事の評価をすることができる。教師がアカウントの管理をすることによって，メンバーを限定した SNS 環境を作ることができ，学習者同士の交流を見守ることができる。

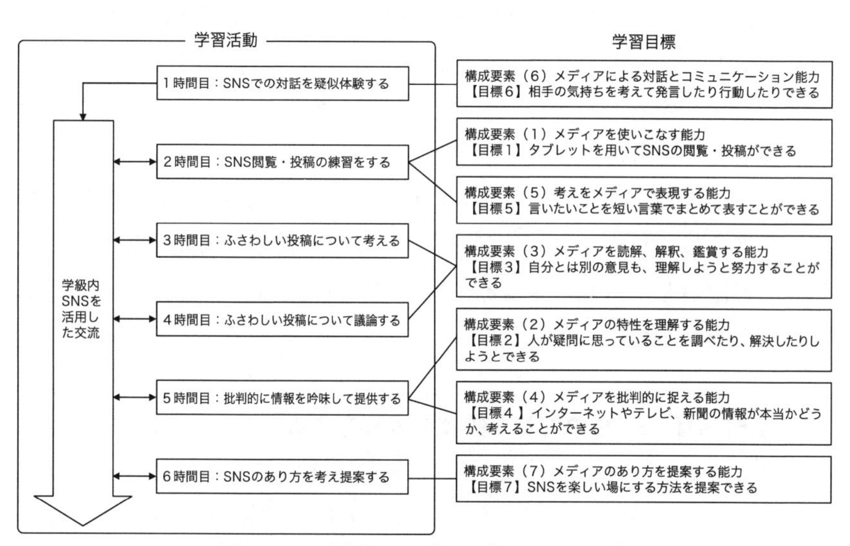

図 15 - 1　開発した単元（中橋ら 2017）

（1）1時間目：SNSでの対話を疑似体験する

1時間目には，実際にSNSでの投稿をする前に情報モラルに関する学習が行われた。コンピュータ教室で「情報モラルNavi（ベネッセ）」を用いて，あるキャラクターが不快なコメント（「ほんと，おめでたいヤツって言われない？」「ばーか！」「二度とくるな！」など）を返してくるチャットを疑似体験する。

それについて感じたことを話し合う中で，相手の気持ちを考えて発信することの大切さを理解するための授業実践が行われた。学習者からは，「イライラした」「ショックだった」などといった感想があげられた。

不快なコメントがあった場合どうしたらよいか，という教師からの質問に対しては，「悪口を書かれても，我慢して，悪口で返さないことが大事だと思います。話をそらしたほうがよいと思う」「冗談で言ったとしても相手にとっては受け止め方が違うから，ちゃんと相手の気持ちを考えて，話してあげるのがよいと思います」などの意見が出された。

この時間は，「構成要素（6）メディアによる対話とコミュニケーション能力」を育むために「【目標6】相手の気持ちを考えて発言したり行動したりできる」という学習目標が設定されていた。ソーシャルメディアの多くは，非同期で，お互い相手の反応を把握しづらい構造がある。学習者は，そうしたソーシャルメディアの構造を前提として相手の気持ちに配慮した情報の発信と受容をする重要性について，学ぶことができたと考えられる。

（2）2時間目：SNSの閲覧・投稿の練習をする

2時間目では，「将来使うことになるSNSをうまく活用できるようになろう」という目的を確認したうえで，実際に学級内SNSを活用して学習をしていくことが説明された。そして，投稿の仕方やコメント入力の仕方などの操作方法を説明し，運用を開始した（図15‐2）。学習者は，教師の投稿に対してコメントを付ける練習をした後，普段から不思議だと思っている素朴な疑問を短い言葉にまとめて投稿し，他の学習者の疑問にコメントを付ける練習を行った。

学習者にSNSを一定程度活用してもらった上で授業での議論を行う必要があるため，教師は，それ以降，休み時間や放課後などに1日1回はSNSにアクセスするよう学習者に指示した。SNS上で学習者から投稿された話題は，「出来事」「質問」「遊び」「意見表明」「宣伝」に大別することができた。

図15－2　SNSの閲覧と投稿（中橋ら2017）

まず，出来事を伝える投稿としては，「家の前で氷を見つけたよ」というように，生活の中で見たり聞いたりしたことについての投稿や「○○テスト7まで合格した」というように，自分の喜びを伝えるものが見られた。

次に，質問を投げかける投稿としては，「望遠鏡はなぜ，遠くまで見えるのか知りたいです」といったように自分が知りたいことに関するものや「みんなは，どんなスポーツが好き？」というように他の人の考えを知るためのものが見られた。

さらに，遊びに関する投稿としては，「ここにクエストっぽくやってみよー！！！！」とロールプレイングゲームのような表現で敵と戦う文章を書き込んでいく遊びに誘う投稿，「寝個打位酢気なんと読むでしょう？」とクイズを出題する投稿，「ああああああああああああ」と意味のない文字の羅列を書き込む投稿，替え歌の歌詞を披露する投稿など，自分たちでSNSを使って楽しむ遊びを考え出すものが見られた。

また，意見表明に関する投稿としては，「今日も元気におはよーございます！」「明日の送る会みんながんばろう！」と呼びかけるものや「今日の給食の麻婆豆腐美味しかった！」「運動場が遊園地だったらいいな(^_^)」というように自分の考えを表明する投稿，「最近，モリゴンとか，変な名前で呼んでくる人がいて，困っているのですが，どうすればやめてくれるでしょうか？」というように相談を持ちかける投稿が見られた。中には，「皆さんにお願いがあります。クエストするのをやめてください。クエストは，みんなに伝える物じゃないでしょう？それに，[死ぬ]などの言葉を使うことになります。なので，クエストするのをやめてください」といったように，自分たちの学級で文化が作り上げられていくSNSのあり方に関して問題提起するものも見られた。

最後に，宣伝に関する投稿としては，「こんにちは○○です！　今日から2月12日まで，たまちゃんキャラクターコンテストを開催します！詳しくは，ポスターを貼っておいたので，そこで確認してください。見事金賞に選ばれると，何とあなたの考えたキャラクターが，たまちゃんマンガに登場します！！！」というように，学級内新聞の編集者という立場から，企画したキャンペーンを宣伝するための投稿が見られた。

この時間は，「構成要素（1）メディアを使いこなす能力」を育むために「【目標1】タブレットを用いてSNSの閲覧・投稿ができる」という学習目標が設定されていた。SNSの閲覧・投稿をするためには，タブレットの起動，サイトへアクセス，文字入力，写真添付などの操作を習得する必要がある。この時間の実践を通じて，学習者は，操作技能を習得することができたといえる。

また，「構成要素（5）考えをメディアで表現する能力」を育むために「【目標5】言いたいことを短い言葉でまとめて表すことができる」という学習目標も設定されていた。一般にメディアは簡潔にわかりやすく編集されることが望ましいとされるが，とりわけソーシャルメディアでの日常的なコミュニケーションでは，スマートフォンなどの小さな画面からアクセスする人も多いため，長文は好まれない傾向にある。学習者は，考えを短い言葉でかつ魅力的に表現することの意味について学ぶことができたといえる。

（3）3・4時間目：ふさわしい投稿について考え，議論する

3時間目では，1週間の間に投稿された記事を読み返し，学級内SNSにふさわしいと感じた記事とふさわしくないと感じた記事について，学習者個人の考えを用紙に記入させ，提出させた。教師は回収した回答を集約し，1枚のシートにまとめ，4時間目の教材とした。4時間目は，前時に考えたことをグループで交流させる授業実践が行われた。その結果，同じ投稿なのに，ふさわしいと思う人とふさわしくないと思う人がいるものがあることに学習者は気づいた（図15 - 3）。例えば，「テスト合格」という投稿は喜びを伝えているからふさわしいと考える人もいれば，まだ合格できていない人が気を悪くするかもしれないからふさわしくないと考える学習者もいた。このような議論を通じて，人によって考え方が異なることを理解した上で，自分がどう行動するとよいかを考えた。例えば,「いやなら見ないようにするとよい」「許せる範囲ならほっておく」「ひどいものはやさしく注意する」などの解決方法が提案された。

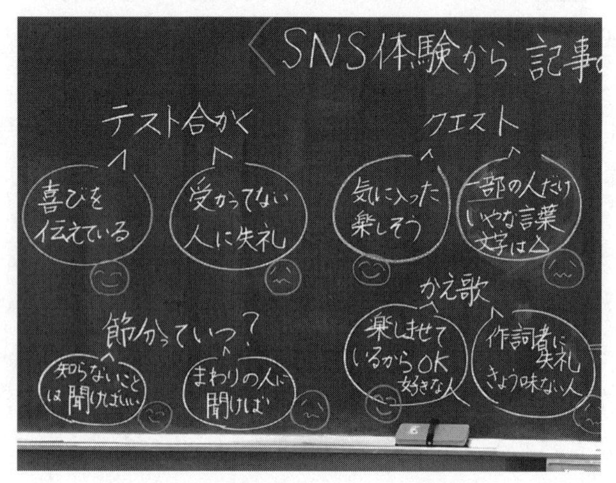

図 15－3　ふさわしさの基準は人によって異なる（中橋ら 2017）

これらの時間は，「構成要素（3）メディアを読解，解釈，鑑賞する能力」を育むために「【目標 3】自分とは別の意見も，理解しようと努力することができる」という学習目標が設定されていた。メディアは送り手と受け手の間で情報を媒介するが，自分とは異なる送り手の価値観が反映されたものであり，素朴な情報とは異なることを踏まえて解釈する必要がある。現実の場面では，こうした対話をネット上で行うことによって対立・炎上を引き起こすケースも散見される。対立を生まないような対話の仕方について授業の中で取り扱う意義は大きいと考えられる。これらの時間を通じて，学習者は，そうした努力の必要性を意識できるようになったといえる。

（4）5 時間目：批判的に情報を吟味して提供する

5 時間目では，友だちの疑問に対して調べて回答する体験を通して，SNS は「誰かが誰かの役に立つことができる」というように，人と人との関係性によって成立しているという特性を理解する実践が行われた。まず，「猫の種類はいくつですか？」という質問に対して，Web で検索をして調べ，コメント欄に回答するという学習活動が行われた。その活動を通じて，学習者は，サイトによって情報が異なることを発見した。そのことから，調べたことを批判的に検討する大切さについて考えるに至った。善意で「サイトを紹介」する場合に，注意しなければ間違いを広めてしまうこともある。情報発信者の責任は，そのサイトで情報を発信している人だけでなく，それを紹介する自分にもある，ということについて考えることができた。

この時間は，「構成要素（2）メディアの特性を理解する能力」を育むために「【目標 2】人が疑問に思っていることを調べたり，解決したりしようとできる」という学習目標が設定されていた。ソーシャルメディアの特性の 1 つには，ゆるやかに他者とつながり，日常の出来事や素朴な疑問を発信して相互に知を共有したり，課題解決したりするなどの営みが生じることにある。学習者は，その特性について学ぶことができたといえる。

また，「構成要素（4）メディアを批判的に捉える能力」を育むために「【目標 4】インターネットやテレビ，新聞の情報が本当かどうか，考えることができる」という学習目標が設定されていた。ソーシャルメディアで得られる情報においても，虚偽や誤りが含まれる場合や立場や価値観によって見方や強調点が異なる場合があることを認識し，信憑性を判断したり，送り手の見方を意識して受け止めたりすることが重要である。本時の活動を通じて，学習者は，そうした批判的思考の重要性について学ぶことができたと考えられる。

(5) 6時間目：SNSのあり方を考え提案する

6時間目では，教師が，「実際に大人が活用しているSNSの記事」を学習者に紹介して，さまざまな目的でSNSが使われていることを確認した。例えば，記事が広告になっているものや冗談や嘘で人を楽しませようとするものがあるという事例について説明された。また，ドッグレスキューのように動物の命を救うためにSNSを活用している人の事例も紹介された。

そのような多様な目的で使われているSNSにおいて，自分たちも情報の受け手・送り手として関わっていることを意識し，自分たちで楽しいSNSを作り上げていく必要があると確認された。それを踏まえて，自分たちでSNSを楽しい場にする方法をグループで考え，発表する活動を行った。

この時間は，「構成要素（7）メディアのあり方を提案する能力」を育むために「【目標7】SNSを楽しい場にする方法を提案できる」という学習目標が設定されていた。SNSにおける文化やルールは，人々が作り上げていくものである。本時を通じて学習者は，コミュニティのあり方を考えて提案する重要性について学ぶことができたと考えられる。

以上のように，「ソーシャルメディア時代のメディア・リテラシーの構成要素」に基づき単元目標・時間ごとの目標が設定され，実践が行われた。本実践から，これまでのメディア教育との違いをどのような点に見いだすことができるだろうか。これまでも正解が1つではないということを前提として，体験による発見や対話を通じて学ぶ教育方法の重要性が提案されてきた。Masterman（1995）は，従来の教育は体系的に整理された知識を効率よく伝達することが重視されてきたが，メディア・リテラシーを育む教育は，「探究と対話から学ぶ者や教える者によって新しい知識が能動的に創り出される」ものであると述べている。今回の実践ではそれをベースにしつつ，ソーシャルメディア時代のメディア教育では，社会で生じているさまざまな現象について，メディアのあり方を考えていく教育方法を確認することができた。例えば，あるグループがソーシャルメディア上で生み出した「遊び」の文化について，ある人にとっては楽しいものであり，ある人にとっては不快なものとなることがある。そのような多様性を理解することは，「フェイクニュース」「ポスト・トゥルース」のような現象を理解した上で，問題を解決するために行動していく能力の基礎となると考えられる。学習者の体験から出てきた考えを教材として，対話を通じてソーシャルメディアの特性を学ぶ教育方法の有効性を確認することができた。今回紹介したものは，1つの例に過ぎないが，今後，ソーシャルメディア時代のメディア・リテラシーを育む単元を開発・実践する上で，参考になる実践であったと考えられる。

4．ソーシャルメディアのあり方を考える

SNSを用いた人と人との関わりによってコミュニティが形成されることで，価値観の異なる人同士がつながりを作ることになる。そのため，注意しなければならないこともある。人によって背景や文化，感じ方が異なるため，そのコミュニティにふさわしいのは，どのような内容や言葉遣いなのかということについては，他者の反応から推し量り，対話しながら決めていく必要がある。何をもってふさわしいと考えるのか，答えが1つに決まるような問題ではないため，ゆるやかに合意形成をしていくプロセスが重要になる。

ソーシャルメディアを利用する際に生じうる問題について，「共通のルールを作ることで解決できることはないか」「ルールを作ることはせずに送り手，受け手の配慮で解決できることはないか」「運営サイドの仕組みで解決できることはないか」などについて，考え，議論し，行動していくことが求められる。その前提として，問題の所在を把握するためにソーシャルメディアの特性を理解することが求められる。

社会生活を豊かにする便利なサービスのはずが，人を縛り，不安にさせたり，不快にさせたりする社会的な構造が生まれている。その構造的な問題を解消する能力としてメディア・リテラシーが必要であり，そのためのメディア教育を充実したものにしていくことが望まれる。

参考文献

藤代裕之（2017）『ネットメディア覇権戦争～偽ニュースはなぜ生まれたか』光文社

Masterman, L.（1995）Media Education: Eighteen Basic Principles. MEDIACY (Association for Media Literacy), 17(3).（宮崎寿子・鈴木みどり訳／鈴木みどり編（1997）『メディア・リテラシーを学ぶ人のために』世界思想社）

中橋　雄（2014）『メディア・リテラシー論―ソーシャルメディア時代のメディア教育』北樹出版

中橋　雄・山口眞希・佐藤和紀（2017）「SNSの交流で生じた現象を題材とするメディア・リテラシー教育の単元開発」教育メディア研究 24(1)：1-12

津田大介・日比嘉高（2017）『ポスト真実の時代』祥伝社

―付記―

本章は，中橋　雄（2021）『改訂版 メディア・リテラシー論－ソーシャルメディア時代のメディア教育』北樹出版，5章の一部を基にして執筆したものである。

索引

●配列は五十音順，ABC 順。＊は人名を示す。

●A-Z

●あ　行

●か　行

●さ　行

●な・は行

●ま　行

分担執筆者紹介

中橋　雄（なかはし・ゆう）

・執筆章→ 10 ～ 15 章

1975 年　福岡県に生まれる
1998 年　関西大学総合情報学部卒業
2004 年　関西大学大学院総合情報学研究科博士課程後期課程修了
博士（情報学）
福山大学専任講師，武蔵大学准教授，教授を経て
現在　日本大学教授
専攻　メディア・リテラシー論，教育工学，教育方法学

主な著書　『【改訂版】メディア・リテラシー論―ソーシャルメディア時代のメディア教育』北樹出版，2021 年
『メディア・リテラシーの教育論―知の継承と探究への誘い』（編著）北大路書房，2021 年
『主体的・対話的で深い学びの環境と ICT―アクティブ・ラーニングによる資質・能力の育成』（共著）東信堂，2018 年
『メディア・リテラシー教育―ソーシャルメディア時代の実践と学び』（編著）北樹出版，2017 年
『情報教育・情報モラル教育（教育工学選書 II）』（共編著）ミネルヴァ書房，2017 年

編著者紹介

苑　復傑（ユアン・フジエ）

・執筆章→2章・7章・8章

1958年　北京市に生まれる
1982年　北京大学東方語言文学系卒業
1992年　広島大学大学院社会科学研究科博士課程修了
現在　文部省メディア教育開発センター助教授，教授を経て放送大学教授
専攻　高等教育論，教育社会学，比較教育学

主な著書　『心理と教育へのいざない』（共編著）放送大学教育振興会，2024年
『教育のためのICT活用』（共編著）放送大学教育振興会，2022年
『よくわかる高等教育論』（分担執筆）橋本鉱市・阿曽沼明裕編，ミネルヴァ書房，2021年
『国際流動化時代の高等教育』（分担執筆）松塚ゆかり編，ミネルヴァ書房，2016年
『現代アジアの教育計画』下（分担執筆）山内乾史・杉本均編，学文社，2006年

中川　一史（なかがわ・ひとし）・執筆章→1章，3～6章，9章

1959年　北海道に生まれる
横浜市の小学校教諭，教育委員会，金沢大学教育学部助教授，メディア教育開発センター教授を経て
現在　放送大学教授
専攻　メディア教育，情報教育
主な著書　『1人1台端末活用のミライを変える！　BYOD/BYAD入門』（共編著）明治図書，2023年
『小学校・中学校「撮って活用」授業ガイドブック　ふだん使いの1人1台端末・カメラ機能の授業活用』（共編著）インプレス，2023年
『GIGAスクール構想［取り組み事例］ガイドブック　小・中学校ふだん使いのエピソードに見る1人1台端末環境のつくり方』（共編著）翔泳社，2022年
『小学校国語「学習者用デジタル教科書」徹底活用ガイド』（編著）明治図書，2021年

放送大学教材　1579444-1-2411（ラジオ）

改訂版　情報化社会におけるメディア教育

発　行　　2024年3月20日　第1刷
編著者　　苑　復傑・中川一史
発行所　　一般財団法人　放送大学教育振興会
　　　　　〒105-0001　東京都港区虎ノ門1-14-1　郵政福祉琴平ビル
　　　　　電話　03（3502）2750

市販用は放送大学教材と同じ内容です。定価はカバーに表示してあります。
落丁本・乱丁本はお取り替えいたします。

Printed in Japan　ISBN978-4-595-32484-0　C1355